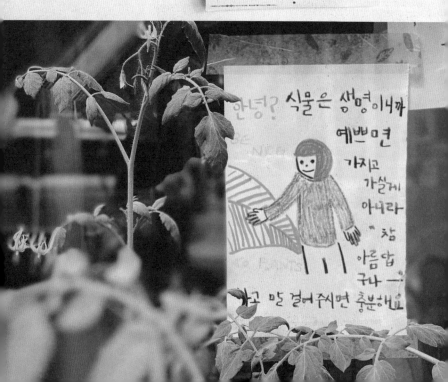

여
행
하
는　부
엌

채 식 . 여 행 자 의 . 생 태 마 을 . 부 엌 . 순 례

여행하는 부엌

박세영 지음
강효선 그림

THAILAND

JAPAN

FRANCE

열매
하나

나 의 . 마 음 은

항 상 . 부 엌 을 . 향 하 니 까

다름과 다양성

살면서 가능한 많은 걸 경험하고 나만의 고유한 것을 찾고 싶었어. 아주 어릴 적부터 그랬던 것 같아. "누구를 닮았다" 같은 말을 들으면, '나'라는 존재가 온전히 존중받지 못한다는 느낌이 들었어. 그런데 학교라는 곳으로 갔더니 여기선 다 똑같은 옷을 입고 똑같은 교과서를 보며 똑같은 목표를 달성하기 위한 훈련을 하는 거야.

공부를 열심히 해 봤는데 그것으로도 부족했어. "애는 공부도 잘하지만 ○○도 잘해"라는 말이 더 필요하더라고. 내가 좋아하는 것도 일단 공부라는 기준을 통과해야 인정받을 수 있구나, 또 이런 식으로 어떤 기준을 맞추려다가는 끝도 없겠구나 하는 생각이 들었어.

'여기서 벗어나기만 하면 나아지지 않을까' 하는 마음에 졸업하지 않고 다른 친구들보다 일찍 학교 밖으로 나왔어. 그런데 학교에서는 자유롭고 넓게만 보이던 사회가 학교보다 더 답답한 모습으로 다가오더라고. 조화가 아닌 대립, 자유가 아닌 강압이 피부로 느껴지는 거야. 다르게 생각하는 일, 다른 곳을 보며 사는 일이 가능할까? 찾아보고 싶었지.

인생에서 내가 좋아하는 걸 찾고 싶었고, 저마다의 방식으로 살아가는 사람들과 연결되고 싶어서 여행을 떠났던 것 같아. 나와 비슷한 결을 가진 사람들은 아주 소수일 수도 있지만 그래도 괜찮다고 생각했어. 그건 분명 가정이나 학교, 사회에서 바라는 어떤 것과는 조금 다른 모습일 테니까 말야. 그냥 다른 생각과 존재가 있는 것만으로도 세상이 더 건강한 증거라 생각했고, 그걸 내 눈으로 직접 확인하고 싶었어.

부엌이라는 학교

할아버지부터 고모에 삼촌까지 가족 구성원이 많은 집에서 자란 나는 자주 부엌을 기웃거렸어. 여자 어른들이 바삐 움직이며 온갖 이야기를 주고받는 그 틈에 끼고 싶었나 봐. 설거지라도 하면서 내 자리를 만들고 싶었고 특히 요리할 때면 옆에 앉아 조금이라도 돕고 싶었어. 나에게 부엌은 가장 따뜻하고 마음이 편한 곳이면서 내가 스스로 가치 있는 사람이라는 느낌을 받는 장소였거든.

부엌에서 누군가를 위한 창조의 과정을 지켜보고, 직접 땀을 흘리며 일할수록 '사랑'이나 '정성' 같은 말들이 몸으로 이해되기 시작했어. 나에게는 부엌이야말로 삶을 살아가는 데 반드시 필요한 배움의 공간이야.

나는 활동가, 프리랜서로 먹거리와 생태 평화에 관련된 다양한 일을 해 왔어. 동시에 많은 친구들이 그렇듯 독립해서는 학비와 생활비를 마련하기 위해 여러 곳에서 아르바이트를 했지. 요리와 식문화에 관심이 많아 베트남부터 브라질, 하와이, 이탈리아, 일본 음식점을 비롯해서 빵집이나 카페까지 가능하면 음식과 연결된 곳을 찾아다녔어. 식당 일은 어디나 만만치 않았지만 다양한 곳에서 수많은 요리를 경험하며 배울 수 있었어. 그것들을 응용해서 나만의 레시피를 만들기도 했어.

이 책에 적은 이야기와 요리 레시피는 주로 여행을 통해 접한 소박한 삶의 기록이야. 요리하고 맛을 느끼고 표현하려면 많은 상상력이 필요한데, 나는 특히 다양한 채식의 영역을 유연하게 오가면서 내가 섭취하는 영양분에 대해 상상하길 좋아해.

우리가 먹는 많은 음식에는 눈에 보이지 않아도 육류가 들어 있는 경우가 많아. 음식에서 '고기'를 빼고 나면 뭔가 허전하다고 느끼거나 맛이 없다고 여기지. 그래서 채식을 생각하는 사람이라면 음식에 들어가는 각양각색의 재료에 대해 더 자세히 알 필요가 있어. 향이나 식감은 물론이고 재료들을 함께 사용했을 때 어떤 맛을 낼 수 있을지 상상하다 보면 더 즐겁게 요리를 할 수 있으니까.

사실 채식이라는 한 단어에도 너무나 많은 유형이 있고, 그에 따라 사용하는 재료도 천차만별이야. 과일만 먹는 사람부터 치즈나 달걀은 괜찮은 사람, 생선을 먹는 사람, 닭고기를 먹는 사람까지 하나하나 살펴보면 여러 종류의 채식이 가능하지. '거의 모든 사람이 채식주의자'라고도 말할 수 있을 정도야. 그만큼 각자 자신의 생각과 조건에 맞게 채식을 시작하거나 또

여러 유형의 채식

변화를 줄 수 있어.

나는 어릴 때부터 고기를 맛있다고 느낀 적이 별로 없어. 아주 가끔 여름에 삼계탕을 한 번 먹는 정도였지. 덕분에 '폴로'(채식을 하면서 우유, 달걀, 생선, 닭고기까지 먹는 것을 말해)로 시작해서 4년에 걸쳐 '비건'(완전 채식주의자로 식물성 식품만 먹는 것을 말해)이 되는 과정이 어렵지 않았어. 지금은 평소 비건에 가까운 식사를 하다가 상황에 따라서 재료의 질을 확인하거나 현지의 문화를 존중하기 위해 유연하게 동물성 재료가 포함된 음식을 먹기도 해.

나는 채식에 대해 각자가 살면서 경험하는 다양한 상황에 따라, 본인이 결정하고 변화시켜 갈 수 있는 생활의 일부라고 생각해. 그런 유연함이 사회를 평화롭게 하는 중요한 열쇠라고 보거든. 다름과 다양성을 인정해야 공감이 가능하니까.

한국에는 '신토불이'라는 말이 있고, 해외에서는 '네가 먹는 것이 곧 너이다'라는 말이 있어. 채소 하나가 건강하게 자라려면 기후와 때와 장소가 적합해야 해. 건강하지 못한 채소 혹은 고기로는 우리의 몸도 건강하기가 어려워. 영양분이 부족한 음식을 먹으면 내 몸 또한 영양 부족이 될 수밖에 없지 않겠어? 그래서 나는 음식, 더 근본적으로는 식재료야말로 나를 이 지구에 존재할 수 있게 하는 가장 기초적인 힘이라고 믿어. 결국 내가 건강하려면 식물도 동물도 물도 땅도 바람도 모두 건강해야 하는 거야.

채식과 생태마을

이 책을 준비한다고 얘기했더니 "채식 요리와 생태마을이 도대체 무슨 상관이 있어?" 하고 물어보는 사람들이 적지 않았어. 나는 다양한 생태마을/공동체에서의 삶을 접하면서 그때그때의 경험과 영감으로 레시피를 써 두었어. 그렇게 7개월 동안 아시아-유럽-유라시아를 횡단하며 경험한 이야기를 음식과 하나로 엮어서 소개하고 싶었거든. 왜냐면 나는 한순간도

의심 없이 공동체에서 먹는 음식에는 그 공동체의 삶의 모습이 담겨 있다고 생각하기 때문이야. 또 책을 보는 사람들이 누구나 쉽게 직접 요리로 만들 수 있길 바랐어.

'채식' 안에 여러 유형이 존재하듯 '생태마을' 안에도 환경적인 측면뿐만 아니라 관계, 치유, 육아, 사회적 기업, 명상 등의 다양한 고민과 실천 들이 공존해. 그 바탕에는 구성원 간의 조율과 지역 사회와의 조율이 있어. 생태마을의 부엌은 그런 유연한 공존이 가장 잘 표현되는 현장이고, 각 생태마을 사람들 혹은 부엌에 모이는 구성원의 문화가 생생하게 펼쳐지는 곳이야. 이 책에 등장하는 여러 요리에는 그때 그곳의 생활이 오롯이 담겨 있다고 생각해.

나는 여행하며 자신만의 이야기를 가진 다른 여행자와 공동체에 사는 사람들을 만났고, 한국에서는 '슬로푸드'라는 단체에서 잠시 일하기도 했어. 그러면서 소비자도 일종의 공동 생산자로서 식탁을 일구는 중요한 역할을 한다는 걸 이해할 수 있었어.

꼭 농사를 짓거나 요리를 잘하지 못하더라도 지금 내 앞의 식탁이 어떻게 차려진 것인지 한 번 더 생각해 보면 어떨까. 건강한 음식의 맛과 즐거움을 온전히 느낄 수 있다면 그것만으로도 자신이 사는 마을이나 지역, 공동체에 보탬이 되는 일이 아닐까.

소박한 일상에서 다양성을 느끼고 표현할 수 있는 힘을 찾고 싶은 마음에 시작한 여정이 어쩌다 보니 아주 길게 이어졌어. 계속 여행하며 낯선 곳을 다니고 낯선 것을 요리로 표현해 볼 수 있었던 건 내 안에 믿음이 있기 때문이야. 눈앞에 재료가 있다면, 어떤 상황에서도 선입견이나 경계 없이 다양함을 포용하며 사람들과 음식을 나눠 먹을 수 있다는 믿음 말야.

씨앗을 뿌리고 식재료를 준비하는 과정에서부터 요리하고 함께 먹는 모습까지 모든 순간들이 나에겐 명상처럼 느껴져. 음식을 생각하고 요리를 할 때면 내면의 아주 깊은 곳에서부터 수행하는 느낌이 들어. 더 많은 사람들을 위해 요리하고 나누는 활동을 통해서 나의 행복과 다른 사람의 행복을 구분하지 않으려 노력할 수 있었거든.

내가 사랑하는 마음을 품고 나누면 나뿐만 아니라 세상도 평온하고 행복해진다는 생각이 들었어. 그렇게 요리를 통해 나는 평화와 행복이 가능하다고 믿어.

차례

지구를 위한 부엌

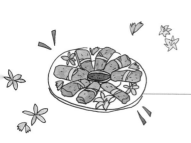

일러두기

° 재료

레시피에서 소금은 대체로 염도가 낮은 볶은 소금이나 죽염(샐러드에는 히말라야 소금, 김치나 까사떼이 같이 염도가 높은 요리에는 천일염으로 대체 가능해)을 사용했으며, 후추는 통후추를 갈아서 사용했고, 기름은 유전자 변형이 없는 현미유 혹은 올리브유를 사용했어.

재료를 고를 때 중요한 건 제철 채소를 선택하는 거야. 이때 가능하면 내가 사는 가까운 지역의 농산물로 고를 수 있으면 좋겠어.

° 구매

재료는 주로 지역 시장과 생활협동조합에서 구매했고 향신료 등은 외국인용 마트를 이용했어.

° 계량

밥숟가락은 '스푼'으로 작은 숟가락은 '티스푼'으로 표기했어. '컵'은 종이컵 사이즈의 양이야. '약간'은 기호에 맞게 넣으면 돼.

° 양

쉽게 만들 수 있는 음료는 1인분, 시간이 걸리는 메뉴는 사람들과 함께 나눠 먹길 바라며 기본 3~4인분에 맞춰 적었어.

평화가 오는 부엌

일 본 교 토

JAPAN KYOTO

덤 스 터 다 이 빙

한 조각의
평화

✳

후와후와 샌드위치

장래 희망은 엄마

나는 꿈을 자주 꾸는 편이야. 그래서일까? 어린 시절부터 무언가 되고 싶은 꿈이 많았어. 초등학교 1학년 때는 솜씨 좋은 요리를 하는 엄마와 친절한 초등학교 선생님이 꿈이었어. 나에게 항상 맛있는 밥을 차려 주시는 엄마 그리고 학교에서 매일 챙겨 주시는 선생님을 보면서 컸으니까 자연스럽게 그렇게 된 것 같아. 그러고 보면 내 꿈은 항상 나와 가까운 곳에 있었어. 많은 시간을 함께 보내는 가까운 사람들이 나에겐 세상 누구보다 매력적으로 보이나 봐.

초등학교 3학년 때 자신의 꿈을 쓰는 숙제가 있었는데, 그때는 숙제가 너무 어렵게 느껴졌어. 만나는 사람이 많아지면서 꿈도 늘었거든. 어떤 때는 달콤한 빵을 만드는 사람도 되고 싶었고 때로는 소방관도 멋있어 보였어. 꿈은 하나만 선택해야 한다는 선생님 말씀에 어쩔 줄 몰랐지. 내가 정말 원하는 꿈을 어떻게 표현하면 좋을지 모르겠더라고. 그래서 나는 어떤 직업을 선택하지 않고 그저 요리하는 시간이 좋다고 적었어.

나이는 어렸지만 그 무렵부터 부엌을 드나들며 어른들의 요리를 따라 하거나 심부름하는 일이 뿌듯했던 것 같아. 요리를 접하는 시간이 늘어날수록 내가 만드는 음식의 맛이 점점 나아진다는 게 신기하고 자부심으로 다가왔어.

요리와 평화

그런데 학교를 다니면 다닐수록 꿈이 뭔지 잊어버리게 되었어. 시험이나 성적 말고는 나를 보여 줄 수 있는 것이 없다고 느껴졌고, 어떤 어른이 될지 막막하기만 했지. 학교를 중간에 그만두고 검정고시를 준비하면서도 고민은 깊어졌어. 그러다 함께 공부하던 선배들을 보면서 일본으로 유학을 떠나 대학을 다닐 수도 있다는 사실을 알았어.

답답하게 여겨지던 학교와 가족 그리고 한국 사회를 떠나 보고 싶었어. 또 학교를 그만둘 무렵부터 평화에 대한 관심이 많아졌는데 마침 일본 대학에는 '평화학'이라는 전공이 있고, 관련 연구나 활동이 활발하다는 사실도 나를 이끌었어.

평화란 무엇일까? 답을 찾고 싶었어. 흔히 평화하면 먼저 떠오르는 생각은 전쟁이나 분쟁에 대한 것들이야. 최근에는 여성의 인권이나 교육 문제와 연결해서 눈에 보이지 않는 구조 속의 평화에 대한 이야기도 활발하지. 그런데 나는 생각할수록, 평화를 가로막는 가장 큰 원인은 세상의 수많은 사람들이 제대로 된 밥을 먹지 못한다는 사실인 것 같았어.

이런 생각은 교토의 대학에서 공부하며 들었던 것이 아니라 학비를 위해 여러 아르바이트를 경험하면서 자연스럽게 생긴 것 같아. 한번은 교토의 세계 평화 뮤지엄이란 곳에서 가이드 일을 했어. 그때 만난 요시코 씨는 지금까지도 나의 길을 지켜봐 주는 선배이자 동료, 선생님이야. 나는 2층관에서 '미래의 평화'에 대한 안내를 했고, 요시코 씨는 지하관에서 일본 교과서에 나오지 않는 '잃어버린 기억'을 안내하는 분이셨어.

그녀는 엄격한 채식주의자였는데 하루는 나에게 식량과 평화에 대해 들려주었지. 육식이 중심인 지금의 식문화로 인해 환경이 파괴되고 있는 상황을 반성하고 저마다 직접 음식을 해 먹을 수 있어야 한다는 그녀의 얘기가 신선했어. 요시코 씨는 환경과 평화를 위해서 채식을 하는 사람이었지. 그 이야기를 들은 뒤 나도 조금씩 채식으로 전환했어.

대학을 다니면서 여러 식당에서 아르바이트를 했는데, 생각보다 훨씬 많은 음식들이 버려지는 사실에 놀라곤 했어. 아무리 멀쩡한 음식이라도 일정 시간이 지나면 모두 쓰레기로 버려야만 하는 규정이 있었지. 식당에서 일하는 나는 돈이 없어서 사 먹지 못할 음식들을 내 손으로 쓰레기통에 버려야 하는 순간들이 많았어.

왜 그럴까? 왜 누군가는 먹지 못해서 쩔쩔매는데, 어디선가는 이렇게 음식이 버려지는 걸까? 왜 우리는 가까운 곳에서 자라지 않는 식재료에 열광하면서도 그것이 내가 있는 곳까지 오는 과정에는 관심이 없는 걸까? 고기 한 덩어리가 어떤 과정을 거쳐 자기 앞에 놓이는지 외면하고 맛을 음미하기 바쁜 모습도 이상하게 여겨졌어.

인류문화학 수업에서는 인류 발달 과정에서 '불의 사용'과 '요리 활동'이 중요하다고 강조해. 동물들보다 상대적으로 자연에 적응하는 것이 느린 인간이 요리를 통해 이만큼 진화할 수 있었다는 거지. 그런데 우리 생활을 가만 들여다보면 점점 요리를 하는 일에서 멀어지는 것 같아.

코로나 이후에는 특히 더 많은 음식을 배달시켜 먹거나 이미 가공된 상태의 것을 사 먹잖아? 요리와 일상이 분리되고 선택 사항이 되어 버린 거지. 먹는 일이 점점 쉬워지면서 우리가 더 많은 자유 시간을 갖고 다양한 활동을 할 수 있게 된 것도 분명하지만, 요리를 통해 배울 수 있는 경험과 가치도 그만큼 단순해지고 얕아지는 거 아닐까.

쓰레기통을 뒤지다

나는 1년간 길에서 쓰레기통을 열어 보는 '덤스터 다이빙 dumpster diving' 프로젝트를 시작했어. 일본의 상점들은 대부분 저녁 9시 전에 문을 닫거든. 나는 10시쯤 자전거를 타고 돌아다니며 버려졌지만 먹을 수 있는 가공식품들을 찾아 먹기 시작했어. 채소 가게에서 판매대에 오르지 못하는 반쯤 뭉그러진 과일과 채소 들을 헐값에 주고 사 먹기도 했지. 학교 친구들에게 프로젝트를 설명하고 음식을 나눠 주기도 했어.

처음엔 이런 활동을 한다는 사실이 너무 재미있었어. 내가 무언가 의미 있는 행동을 하는 것 같아 뿌듯한 느낌도 들었지.

그때 같은 반 친구들과 돌아가며 지역 라디오 방송을 했어. 각자가 꿈꾸는 평화에 대해서 얘기를 나누는 방송으로, 프로그램 이름도 '피스 바이 피스peace by piece'(평화를 위한 조각 또는 조각으로 이루어지는 평화 정도의 뜻이야)였지. 거기서 내가 하는 활동을 알리고 많은 사람들의 호응도 얻었어.

그런데 점점 내 몸이 변하는 걸 발견했어. 배탈이 자주 나고 소화도 잘 안 되고 갑자기 살이 빠졌다가 찌기를 반복하는 거야. 처음엔 단순히 몸이 안 좋다고 생각했지만 내가 지금 먹는 음식 때문이 아닐까 싶었지. 이 활동을 계속하면 안 되겠다는 생각이 들었어.

푹신푹신한 꿈

"세영은 왜 일본에 왔어?"

이른 아침 아르바이트를 하던 카페의 언니가 그날 판매할 샌드위치를 함께 포장하다가 문득 나에게 물었어.

"여기 오면 내 꿈을 이룰 수 있지 않을까 싶었어. 조금 막연하지만 내가 평화를 위해 무엇을 어떻게 할 수 있는지 배울 수 있을 거라 생각했어."

"정말? 그럼 꿈이 뭐야? 답을 찾았어?"

"음…, 나는 엄마가 되고 싶었어. 우리 엄마는 요리를 맛있게 아주 잘하시거든. 평화를 위해선 먼저 상대방을 사랑하는 열린 마음과 건강한 방식으로 대화를 많이 나눠야 하잖아. 그러기 위해선 좋은 음식을 꾸준히 먹어야 한다고 생각해. 그래서 나에겐 이곳에서 요리하고 손님과 대화하는 게 배움이고 수행이야. 더 많은 사람들에게 밥을 해 주고 싶어. 만약 나와 우리가 먹는 음식을 세상 사람들 모두 진지하고 감사하게 생각하는 날이 온다면, 그게 바로 평화의 날이 아닐까?"

그러면서 자연스럽게 내가 하던 프로젝트와 활동에 대해서도 얘기했어. 쓰레기통을 뒤지며 버려지는 많은 음식을 구하는 행동뿐만 아니라 내가 어떤 음식을 먹느냐가 중요한 것 같다는 이야기도 했지. 언니는 이런 내 말에 귀를 기울이며 따끈한 달걀 스크램블을 넣은 후와후와(푹신푹신, 부드럽게 부푼 모양을 뜻하는 일본어야) 샌드위치를 만들어 주었어. 그녀가 건넨 그 한 조각이 나에겐 엄마의 따뜻한 사랑처럼 다가왔어. 그 무렵 엄마가 해 주셨던 요리가 너무 그리웠거든.

샌드위치를 먹으면서 평화란 모두가 싸우지 않는 세상처럼 어렵고 먼 이야기가 아니라, 지금 내 앞에 놓인 건강하고 푹

신푹신한 한 조각의 빵이라는 생각이 들었어. 그리고 평화를 위해 내가 찾아야 할 다음 조각은 샌드위치에 들어갈 재료를 직접 농사 지어 마련해 보는 일이 아닐까 싶었지.

후와후와 샌드위치

준비 재료(3인분)

달걀 ....4~5알

토마토.................. 반 개(슬라이스 6조각)

양상추..6장

소금 ....약간

후추 ....약간

기름 ....약간

＊ 달걀은 무항생제 달걀을 추천한다.

＊ 통후추를 바로 빻아 사용하면 신선한 향
과 함께 씹히는 식감이 생겨 좋다.

＊ 소금을 죽염이나 히말라야 소금으로 대

체하면 구수한 맛이 더해진다.

＊ 기름은 현미유를 추천하며 올리브유, 들
기름을 사용해도 좋다.

조리법

❶ 그릇에 달걀을 푼 뒤 소금을 한 꼬집,
후추를 약간 넣는다.

❷ 양상추를 흐르는 물에 씻고 물기를 턴
다. 좋아하는 잎채소나 허브를 더해
도 좋다.

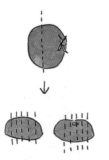

❸ 토마토 꼭지를 떼어 낸 부위가 오른
쪽 혹은 왼쪽 방향으로 오게 하고 반
을 가른다. 갈라진 반을 눕혀 슬라이
스로 자른다. 두께는 자유지만 6조각
이 나오는 두께면 먹기 좋다.

❹ 토스트기 혹은 프라이팬에 빵 겉면이
살짝 바삭하도록 굽는다.

❺ 구워지는 동안 풀어놓은 달걀을 스크램블과 오믈
렛 같은 느낌으로 굽는다. 프라이팬에 기름을 충분
히 두르고 달걀을 넣은 뒤 살짝 익어갈 때쯤 나무
젓가락으로 쓱쓱 모양을 흩트리면 된다. 너무 오래
익히지 않는다.

❻ 구워진 빵 한쪽 면에 마요네즈, 마가린, 버터, 머스터드 등을 발라도 좋다.

❼ 노릇하게 구운 식빵 2장 중 1장에 위의 재료들을 차곡차곡 올려놓고, 나머지 1장으로 위를 덮는다.

❽ 어슷한 모양으로 먹기 좋게 자른다.

일 본 교 토

JAPAN   KYOTO

사 토 야 마 커 뮤 니 티

어떻게
먹고 살지?

✳

오카라 튀김 정식

이 날은 잠시 휴학하고 한국에 머물다가 저녁 비행기로 다시 일본에 돌아가려고 한 날이었어. 짐을 챙기는데 아빠가 다급하게 "어서 와서 이것 좀 봐!" 하면서 날 찾았어. 내가 처음 본 장면은 쓰나미가 어떤 마을을 쓸고 지나가는 모습이었지. "이건 어떤 다큐멘터리예요?" 하고 물어보자 아빠는 허탈하게 웃으시며 "이건 다큐멘터리가 아니라 지금 네가 가려는 일본에서 실제 일어난 일이야"라고 하셨어.

한참을 멍하니 뉴스를 보다가 메신저로 일본에 있는 친구들에게 지금 무슨 일이 생긴 건지 물어봤어. 이어서 후쿠시마의 핵 발전소가 위험하다는 소식을 들으며 가슴이 철렁 가라

앉았지. 내가 살던 교토와 후쿠시마는 거리상으로 약 800킬로미터 이상 떨어져 있었어. 서울과 부산 간 거리인 약 400킬로미터의 2배가 넘는 거리지. 친구들은 "여기는 아직 괜찮지만 패닉 상태의 사람들이 슈퍼마켓으로 달려가 비상식량 사기에 바쁘다"라며 "너무 무섭다"고 했어.

일본행 항공편들이 지연되고 결항됨과 동시에 일본에서 빠져나오려는 사람들이 급증해 공항이 혼잡하다는 소식도 들려 왔어. 나는 당장이라도 일본으로 돌아가서 상황을 살피고 내가 할 수 있는 일을 하며 친구들을 돕고 싶었지만, 부모님은 위험하니 가지 말라고 하셨어. 항공권도 다음 날로 지연되어서 그날은 그저 상황을 지켜볼 수밖에 없었지.

이런 큰 재해는 처음 경험하는 거라 머릿속은 많은 고민과 걱정으로 가득했어. 어떤 마음으로 돌아가야 할까 내가 있던 곳은 어떤 모습일까 상상하고 걱정하다 밤을 꼬박 새었어. 그리고 다음 날 돌아가기로 결정했지. 평소에는 사람이 가득하던 비행기에 나를 포함해서 10명도 안 되는 승객만 있었고 모두 근심 가득한 표정이었어.

막상 일본에 도착하니 전철 안이 평소보다 조용한 것 외에는 마치 아무 일도 없었던 것처럼 느껴졌어. 그런데 당분간 수

돗물은 마시지 말아야겠다는 생각에 들린 집 앞 슈퍼에서 1명당 살 수 있는 생수 개수가 2개로 제한된 걸 보고는 재난이 덮쳤음을 실감할 수 있었지.

사토야마 커뮤니티

물을 비롯해, 도시에 사는 나는 이제 무엇을 먹으면 좋을지 심각하게 고민했어. 외국의 미디어에서는 방사능이 후쿠시마뿐만 아니라 이미 도쿄까지 큰 영향을 미쳤고, 바람을 타고 옮겨지기 때문에 피할 수 없다는 소식을 전했어. 너무 무서웠어.

사람들은 식자재가 방사능에 오염되었는지 안전한지 정부가 정확히 확인해 주길 바랐지만 일본 미디어에서는 그저 먹어도 안전하다는 얘기만 되풀이할 뿐이었어. 어떤 정보를 믿어야 할지 지금 당장 무엇을 먹어야 내가 안전하게 살아갈 수 있을지 걱정이 되었어. 그래서 비슷한 고민을 하는 학교 친구들과 삼삼오오 연락해서 모임을 꾸렸어.

다행히 교토엔 유기농 채소 재배와 판매를 자부심 삼아 운영하는 상점들이 많았어. 시내 곳곳에 살던 친구들이 안전한 식재료를 구매할 수 있는 상점들을 조사하고 서로 공유했어. 이 활동은 자연스럽게 직접 건강한 먹거리를 키워야 한다는 생각으로 이어졌지.

소식을 전해들은 한 교수님과도 연결이 되었는데, 카츠라 료타로(학생들 사이에서 타로(감자)라는 친근한 별칭으로 더 많이 불리는 분이야) 선생님은 교토와 나라 지역의 경계인 이코마에서 사토야마 커뮤니티Satoyama Community 를 기획하신 분이었어. 일본어로 '사토야마'는 도시와 시골의 경계 지점을 일컫는 말로 사용되는데, 좀 더 시골스러운 교외 정도로 생각하면 될 것 같아.

선생님은 한 달에 한 번씩 나를 비롯한 학생들을 커뮤니티에 초대하셨어. 우리는 함께 텃밭을 가꾸고 음식도 해 먹었지. 내가 먹는 식재료가 어떻게 자라는지, 커뮤니티를 어떻게 운영하는지에 대해 머리로만 공부하는 것이 아니라 직접 손으로 흙을 만지며 깨우칠 수 있었어. 타로 선생님은 이렇게 연구실을 벗어나 자연스럽게 배움이 몸에 익도록 이끌어 주신 분이야.

나는 밭에서 직접 기르고 수확한 것들을 중심으로 식탁을 차리기 시작했어. 이렇게 채소류나 곡류 정도는 가능했지만, 교토 주변에서는 축산이나 어업을 경험할 곳도 소통할 만한 생산자도 없었어. 나는 100퍼센트 자급자족은 못 하더라도 식탁

위에 올라오는 재료에 대해서는 누군가의 손과 정성으로 자랐는지 알고 싶었기에 당분간 비건으로 살아 보기로 했어.

비건이라는 단어도 생소했고 처음엔 식단에 제한이 너무 많다고 느끼기도 했지만, 평소에 몰랐던 식자재와 맛에 대해서 궁리하고 창의성을 발휘할 수 있는 경험이 되었어. 비건 식단을 차리며 내가 제일 즐겨 찾은 재료는 '비지'야. 원래부터 비지찌개를 좋아하기도 했고 두부를 많이 먹는 일본에서는 비지를 무료로 혹은 정말 싸게 구할 수 있었거든. 찌개 말고도 다른 요리에 비지를 활용해 볼 수 있지 않을까 궁리했어.

새로운 학교, 오카라 하우스

그러던 어느 날 평소에 다니지 않던 길로 자전거를 타고 지나가는데 '오카라 하우스'라는 아담한 가게가 있는 거야! '오카라'는 일본어로 비지라는 뜻이라 너무 반가운 마음에 바로 들어가 봤어. 안이 훤히 보이는 부엌에서 여자 분이 혼자 요리를 하고 계셨어. 마침 점심 무렵이라 오카라 정식을 주문했는데 비지를 새알만 한 크기로 동그랗게 뭉쳐 고로케처럼 튀겨 주셨어. 생각해 보지 못한 독특함에 매료되었지 뭐야.

천천히 식사하면서 다른 손님들이 빠져 나가고 그녀와 대화할 수 있는 시간이 오기를 기다렸어. 그리고 나 혼자 남았을 때 말을 걸었지.

"정말 오랜만에 맛있는 음식을 먹었어요. 어떻게 이런 레시피를 발견하셨어요?"

"그래요? 맛있었다니 정말 기뻐요. 저는 오랫동안 유방암을 앓았는데 회복하는 단계에서 앞으로의 식단을 고민하다가 이 가게를 열었어요."

나는 이 사람에게서 많은 걸 배울 수 있을 것 같다는 느낌을 받았어. 자연스레 그녀와 함께 일해 보고 싶다는 마음이 솟았지.

"저는 사실 한국에서 온 유학생이에요. 최근 먹거리와 생활 양식에 대해 고민하며 비건을 시작했고, 평소에 비지를 좋아해서 이 음식점이 반가웠어요. 이 가게에서 아르바이트생으로 일하거나 아르바이트가 아니더라도 요리를 배우고 싶어요. 그래도 될까요?"

"아하하 와아, 정말 신기하네요! 안 그래도 요즘 바쁜 시기라 아르바이트생이 필요했어요. 만나서 반가워요. 그럼 이번 주 토요일부터 나와 보면 어때요?"

그렇게 우리는 단박에 마음이 맞았고 나는 그녀를 도우며 요리를 배우기 시작했어. 그리고 점차 학교를 나가는 시간보다 식당에 머무는 시간이 길어졌지.

"수고했어요. 이제 수업 갈 시간이죠?"

"좀 더 머물면서 내일 식사 준비를 도와도 될까요?"

그녀는 단 한 번도 안 된다고 말한 적이 없었어. 오히려 내가 이 가게를 학교처럼 생각하는 걸 이미 아는 듯했지. 점점 그분도 나를 제자처럼 여기는 게 느껴졌어. 식자재를 뿌리부터 잎까지 낭비 없이 사용하는 방법, 가까운 곳에서 가장 신선한 상태로 장을 볼 수 있는 환경의 중요성, 고정된 메뉴를 유연하게 변형하는 창의력까지. 삶의 전환점에 선 나에게 이곳이야말로 알맞은 시기에 딱 필요한 학교였어.

오카라(비지) 튀김 정식

준비 재료(3~4인분)

달걀	4~5알
비지	50g
샐러리	1줄
양파	반 개
당근	반 개
튀김가루	적당량
소금, 후추	약간

* 맛 좋은 콩비지 한 덩어리를 구한다. 두부집에서 무료로 얻거나 저렴하게 구매할수 있다.

* 한번 사용할 만큼 비지를 소분하는 걸 추천한다. 냉동해 놓으면 언제든지 꺼내어 튀겨 먹을 수 있다.

조리법

① 뜨뜻하게 프라이팬이 달궈지면 깨를 볶듯이 비지를 보슬보슬하게 펼쳐 놓고 약불로 굽는다.

② 어느 정도 향이 나면서 살짝 갈색으로 변하면 불을 끈다. 구워 놓은 비지는 냉장고에서 일주일 이상 보관할 수 있다. 국을 끓여도 좋고 밥이나 반찬 위에 뿌려 먹어도 좋다!

❸ 샐러리, 당근, 양파를 잘게 썰어 믹서기에 간다. 믹서기가 없으면 가능한 잘게 썰어 준비한다.

❹ 위의 채소와 구워 놓은 비지를 1:1 비율로 섞고 소금과 후추로 간을 맞춘다.

❺ ❹를 동그란 모양으로 빚는다. 크기는 자유롭게 만든다.

❻ 튀김가루에 물을 조금씩 넣고 저어 준다. 너무 되거나 무르지 않을 정도로 튀김옷을 만든다. 처음부터 많은 양을 넣지 않는 것이 좋다.

❼ ❺에 ❻의 튀김옷을 입혀서 달궈진 기름에 튀긴 다음 기름을 털고 소금, 간장, 케첩 등에 찍어 먹는다.

친구가 되는 부엌

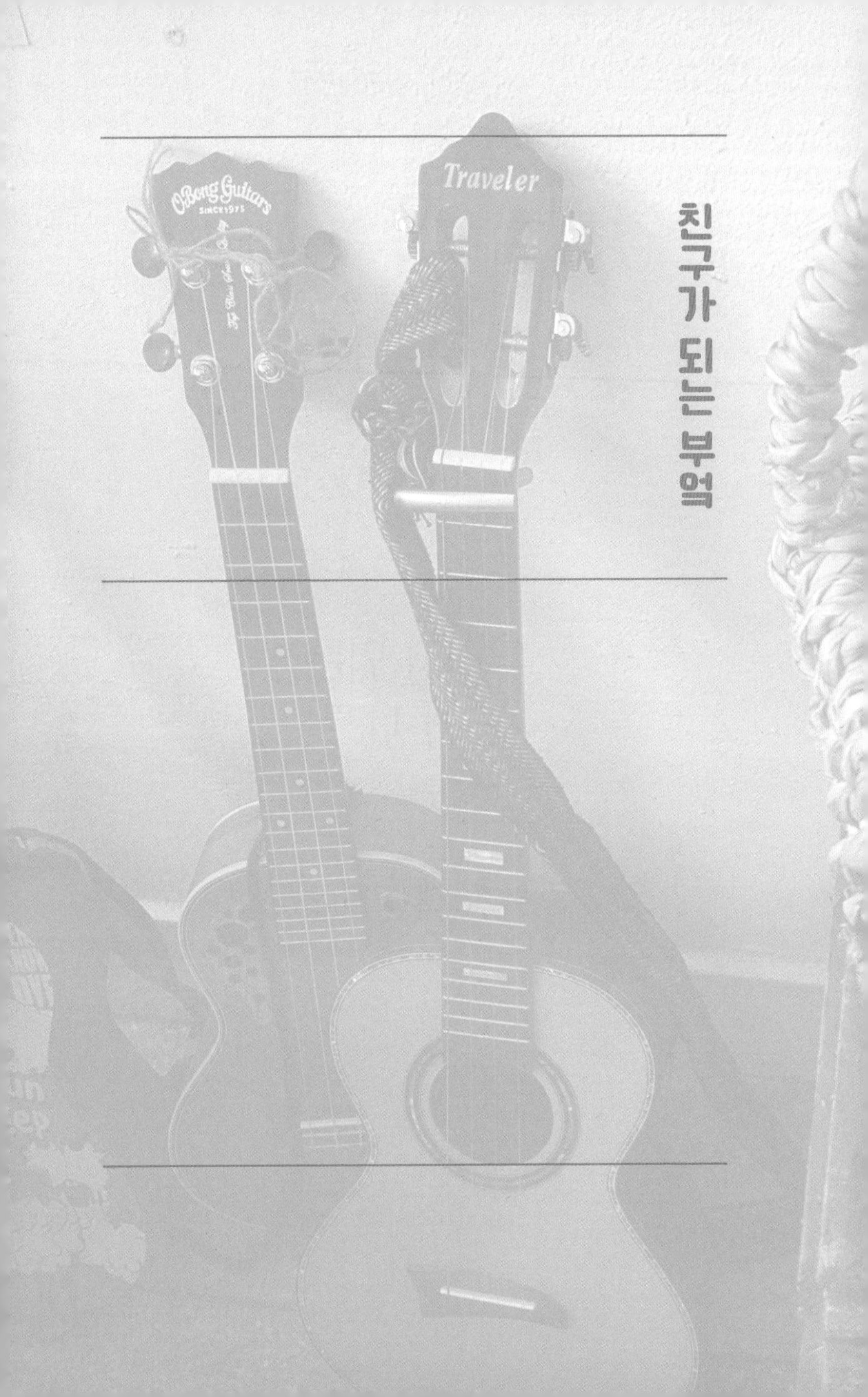

태 국 농 카 이

THAILAND   NONGKHAI

가 이 아 아 쉬 람

우리가 되는
요리 시간

*

쏨땀
망고스티키라이스

누구나 요리할 수 있으니까

대지의 여신을 떠올리게 하는 이름의 가이아 아쉬람Gaia Ashram에서는 하루 일과가 대략 정해져 있어. 이곳 사람들은 태양, 달, 지구 세 팀으로 나뉘어 공동체에 필요한 식사, 청소, 텃밭 일을 정해진 시간에 번갈아 가면서 해. 새벽 5시 50분에 하는 명상으로 하루가 시작되지만 참여하는 건 자율이야. 아침 식사는 오전 6시 30분부터 준비하는데 주로 과일 샐러드와 전날 저녁 남은 음식을 활용하는 경우가 많고, 이때 그날 하루 동안 마실 차를 끓이지.

음식은 기본적으로 비건을 위한 채식 식단이지만 달걀을 먹는 사람들도 있어서 그릇을 분리해서 사용해. 오전 9시에는 마을 사람들이 모두 모여 오늘 해야 할 일과 공동체 구성원에게 알릴 사항, 같이 의논했으면 하는 이야기를 꺼내어 함께 결정하곤 해.

보통 11시면 해가 뜨거워져서 바깥일이 어려워지니 오전 작업은 11시 정도까지만 하고 식사 팀은 점심을 준비하기 시작해. 점심을 먹고 나서는 가장 뜨거운 해를 피해 오후 3시 30분까지 쉬는 시간을 가져. 낮잠도 자고 말야.

그리고 해가 내려갈 즈음 오전에 미처 끝내지 못했던 일을 마무리하거나 개인적인 일을 진행하기도 해. 그러면 어느덧 저녁을 준비해야 하는 때가 되지. 노을이 질 때는 30분가량 명상의 시간이 있어. 저녁을 먹고 8시부터는 공식적인 취침 시간이지만, 종종 10시까지 같이 보고 싶은 영화를 보거나 음악을 나누며 이야기꽃을 피워. 나에겐 태국어를 공부하는 시간이기도 했어.

끼니마다 메뉴 정하는 일이 가장 고민거리인데 신기한 건 각 팀마다 음식 맛이 정말 달랐다는 거야. 이유가 궁금해서 자세히 보니까, 팀마다 가능하면 메뉴가 겹치지 않도록 노력했고, 최대한 다양하고 맛있게 만들기 위해 같은 팀 안에서도 때마다 메인 요리사를 바꾸거나 다른 향신료를 사용하는 등의 시도가 있었어. 또 설령 겹친다고 해도 맛이 완전히 다를 수 있었던 건 태어나고 자란 환경이 다른 사람들의 손맛 때문이라는 생각이 들었어.

처음엔 너무 이른 아침부터 일을 시작해서 힘들지 않을까 싶었지만, 일찍 움직인 만큼 낮잠도 충분히 자고 대체로 하루하루가 여유로워 굳이 쉬는 날이 따로 필요 없겠다는 생각도 들었어. 그런데 주말이 가까워 올수록 역시 휴일을 기다리는 마음이 들지 뭐야. 헤헤.

다들 비슷한 생각인지, 가이아 아쉬람에서는 토요일 저녁마다 한 주를 정리하고 기념하는 '축하의 밤'을 열었어. 모닥불을 피우고 한 주 동안 자신에게 올라왔던 생각과 감정, 경험을 나누고 서로 함께함을 감사하는 자리를 가지는 거지.

토요일 저녁이 함께하는 휴식 시간이라면, 일요일 하루는 온전히 각자의 자유 시간이야. 천천히 아침을 시작하고 느지막이 나들이를 가거나 하루 종일 책과 영화를 보면서 신나는 휴일을 보내.

평일 식사 땐 정해진 시간 안에 음식을 준비하고 먹어야 해서 간단한 요리를 주로 하지만, 토요일 축하의 밤과 일요일 자유 시간 때 '어떤 음식을 먹을까?' 하면서 한 주 동안 즐거운 고민을 하곤 했어.

어느 날은 필리핀에서 온 친구 마리아와 함께 텃밭에서 일하다가 서로가 생각하는 '태국에 오면 이것만은 꼭!' 먹어야 하는 음식에 대해 이야기를 나눴어. 나는 시장에서 주문하면 바로 눈앞에서 재료들을 손질해 만들어 주는 신선한 쏨땀(파파야 샐러드)을 추천했고, 그녀는 일상의 특별함을 느끼고 싶을 때 즐겨 먹는다는, 달콤한 연유와 고소한 땅콩을 토핑한 망고스티키라이스를 추천했어. 우리는 다가오는 토요일 밤에 두 요리에 도전하기로 했지. 한동안 먹어 보지 못해서 그리운 마음이 들었지 뭐야.

예전에 5주 동안 퍼머컬쳐(Permaculture, permanent(영구적인)와 cultivation(경작) 혹은 culture(문화)의 합성어야. 호주의 빌 모리슨이 만든 개념으로 보다 생태적으로 농사를 짓고 지속가능한 인류문화를 만들고자 하는 방법론이야)를 배우기 위해서 태국에 온 적이 있어. 태국은 처음이었던 나는 하루도 빠짐없이 시장 곳곳을 찾아다니며 쏨땀을 먹었어. 아직 덜 익은 초록빛의 파파야를 채 썰어 액젓, 소금, 고추, 라임, 땅콩, 건새우 등을 버무려 그 자리에서 바로 내어 주는데, 빛깔과 향이 한국 김치의 하나인 생채와 비슷하면서도 또 완전히 다른 오묘한 매력이 있었어.

쏨땀을 만드는 아주머니의 빠른 손놀림에 시선을 빼앗겨 멍하니 보다가, 어느새 내 앞에 한 접시가 나오는 재미까지 있었지. 또 취향에 따라 누구는 꽃게를 넣거나 누구는 새우를 넣기도 하는 다채로움도 좋았어. 파파야 대신 다른 과일이나 채소를 넣을 수도 있지 않을까, 또 이렇게 바꿔 볼 수 있지 않을까 하면서 끊임없이 내 상상력을 자극했지.

그런데 마리아에게는 망고스티키라이스가 익숙한 음식이 아닌가 싶어서 물었더니, 물론 필리핀에는 망고, 코코넛 밀크, 찹쌀 등이 흔해서 친숙한 재료지만 이 3가지를 조합해서 함께 먹는 건 처음이라고 했어. 태국에서 경험한 신선한 충격이었다고 하더라고.

때로는 새로운 음식이 그동안 몰랐던 느낌이나 정보로 다가오는 것 같아. 마치 평범하고 익숙한 일상을 살다가 여행을 통해 갑자기 특별한 감각이 생기는 것처럼 말야.

토요일 오후 마리아와 다정한 대화를 나누며 우리만의 쏨땀과 망고스티키라이스를 완성했어. 음식이 담긴 그릇을 들고 다른 친구들이 미리 피워둔 모닥불로 이동했지. 밀가루 반죽을 나뭇가지에 붙여 빵이 되도록 올려놓고, 지금 이 순간 여러 나라에서 온 사람들과 함께 식사할 수 있음에 감사하는 노래를 불렀어.

노래는 그때그때 마음이 차오르는 사람이 시작하지만 어느새 다 같이 부르게 되는 신비한 힘이 있어. 나는 같이 식사를 준비한 친구에게, 불을 피워 준 친구에게, 지금 함께하는 사람들 한 명 한 명에게 눈맞춤으로 감사를 전하며 노래를 불렀어.

높은 나무, 따뜻한 불, 강한 바람, 깊은 물.

나는 당신을 느낄 수 있어요. 내 몸으로. 내 영혼으로.

Tall tree, Warm fire, Strong wind, Deep water.

I can feel you in my body. I can feel you in my soul.

요리와 청소와 텃밭 일을 함께 번갈아 하는 사람들. 따뜻한 빛 속에서 먹고 기도하고 노래하는 순간들. 이 순간이 내가 가이아 아쉬람에서 가장 좋아하는 시간이야. 공동체를 이룬 사람들이 모두 모여 불 앞에서 기도하고 함께 만든 요리를 감사히 여기며 식사하는 모습. 이것이 공동체의 근본적인 힘이라는 생각이 들었어. 그 환한 불이 나를 벌써 다섯 번이나 가이아 아쉬람으로 이끌었고 이곳은 나에게 집과 같은 곳이 되었지.

나에게는 그리고 적어도 이 공동체에서는 요리를 하는 것이 본능이자 본성이고 서로에게 너무나 자연스러운 일인 것 같아. 각자가 먹고 싶은 음식을 떠올리고 함께 요리해서 차린 한 끼는 그 자체로 부엌이고 집이라는 생각이 들어.

모닥불 앞에서 함께 요리하고 음식을 나누던 시간, 우리는 식구가 되어 서로의 마음속에 자리했던 것 같아. 살아감에 대해 일깨워 준 가이아 아쉬람 식구들에게 진심으로 고마워.

킹 카오(밥 잘 먹겠습니다)!

쏨땀

그린파파야.....................................반 개
(익지 않은 딱딱한 파파야)
라임(레몬)... 1개
토마토.. 1개
당근 3분의 1개
매운 고추.......................................2~3개
마늘 ....1~2쪽
간장 3스푼

설탕 1스푼
땅콩가루 2스푼

＊ 그린파파야 대신 참외, 수박, 메론에서
  맛이 없다고 버려지는 껍질 가까운 부분
  을 사용할 수도 있다.
＊ 해산물을 먹는 채식주의자라면 어간장

과 마른 새우를 넣어 보자. 오리지널의
맛을 느낄 수 있다.
＊ 비건이라면 간장과 식초로 소스를 만들
  어도 충분하다.

조리법

❶ 그린파파야(혹은 대체 과일)와 당근
  은 채를 썰듯 얇게 손질해 놓는다.

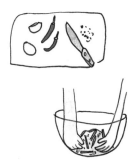

❷ 절구에 마늘, 고추, 설탕, 간장, 그린 파파야를 넣고 방망이로 부드럽게 빻아 준다. 여기에 라임즙을 뿌린 뒤 라임을 통째로 넣어 빻아도 좋다.

❸ 방망이가 없으면 마늘과 고추를 칼로 다지고, 손으로 조물조물 주무르며 모든 재료를 섞어 준다.

❹ 잘게 썬 토마토와 땅콩가루를 넣고 간이 잘 배도록 섞어 준다.

❺ 고수나 바질, 민트 등 허브가 있다면 장식도 해 본다.

망고스티키라이스

준비 재료(3~4인분)

찹쌀 .... 150~200g

코코넛 밀크 .... 400g(1캔)

설탕 .... 3~6스푼

소금 .... 약간

망고 .... 1~2개

전분가루 2스푼

깨... 약간

✳ 요즘은 망고를 쉽게 구할 수 있지만, 여름에는 복숭아 가을에는 무른 단감으로 대체해도 좋을 것 같다.

✳ 코코넛 밀크를 직접 만들어 봐도 좋겠다 (104쪽 참고).

✳ 디저트류이지만 식사용으로도 괜찮다.

조리법

❶ 찹쌀을 물에 최소 3시간 이상, 가능하면 하룻밤 정도 재워 둔다.

❷ 면보에 물기를 제거한 찹쌀을 담고 덮은 뒤 찜통에 올려 15~20분간 찐다 (압력솥에 쪄도 좋다).

③ 코코넛 밀크 1캔을 냄비에 넣고 설탕과 소금을 넣어 약불에서 살짝 끓인다.

④ 익힌 찹쌀을 볼에 넣고 ③에서 준비한 코코넛 밀크 반 정도를 넣어 물기가 밥에 흡수되도록 5~10분 정도 둔다.

⑤ 나머지 코코넛 밀크가 들어 있는 팬에 전분물(쌀가루나 감자가루 같은 전분기가 있는 가루를 물과 1:3 비율로 섞는다)을 넣고 살짝 끓여서 걸쭉하게 만든다.

⑥ 망고는 껍질을 벗겨 슬라이스나 네모 등 먹기 좋은 크기로 썬다.

⑦ 접시에 밥과 망고를 올리고 그 위에 ⑤의 소스를 곁들인다. 밥 위에 깨를 뿌려 완성한다.

태국 치앙마이

THAILAND   CHIANG MAI

펀펀 생태마을

씨앗을 품은
활동가들

✳

라임민트허니 스무디

지구를 위한 씨앗

난 종종 씨앗을 들고 다녀. 손수건으로 예쁘게 감싸서 호주머니나 가방 속에 넣어 다니곤 했지. 여행을 다니다가 적당한 곳이 있으면 씨앗을 꺼내 심기도 했어. 그럴 때마다 씨앗이 땅에 뿌리를 내리고 줄기와 잎을 뻗어내다가 마침내 열매를 맺는 모습을 상상하곤 했어. 이런 행동은 내가 지구를 위해 나눌 수 있는 아주 작은 일 가운데 하나야.

치앙마이 시내에서 썽태우(트럭을 개조한 미니버스야)를 타고 2~3시간 정도 올라가면 펀펀PunPun이라는 공동체가 있어. 씨앗과 자연농, 퍼머컬처에 관심이 생겼던 2012년 무렵 인터넷 검색을 통해 우연히 발견한 곳이야. 펀펀 근교에는 판야 프로젝트Panya Project라는 공동체도 있어서 이 근방으로 가는 외국인들을 종종 볼 수 있어.

중국인 상점가들이 늘어선 좁은 뒷골목에 세워진 썽태우를 찾는 일은 그리 어렵지 않았어. 혹시 늦을까 봐 출발 시간보다 1시간이나 일찍 갔는데, 편펀행 차가 하루에 한 번 있어서 마을 사람들이 필요한 물건을 모두 구매해 올 때까지 기다리더라고. 결국 2시간 뒤에야 출발했고 어느새 차 안은 짐으로 가득해 발 디딜 틈도 사라졌지.

피 조('피'는 태국에서 윗사람을 가리킬 때 쓰는 말이야)라고 불리는 편펀의 설립자 존 잔다이는 건강한 씨앗을 모으고 마을 사람들과 함께 나누는 농부이자 교육자야. 태국에서 농약을 사용하는 관행농법이 한창일 때 가장 먼저 자연농법을 시작한 분이었어. 자연농은 농부에 따라 조금씩 다르지만 대체로 무경운, 무비료, 무농약, 무제초를 바탕에 둔 생태적인 농사법이야.

그는 원래 살던 마을에서 아웃사이더로 여겨졌지만 편펀이라는 공동체를 세우며 자리 잡았다고 해. 피 조가 사람들에게 인정받기까지 적지 않은 세월이 걸렸지만, 꾸준히 자신이 하는 일들을 모두를 위해 나눔으로써 가능했지. 지금은 지속 가능한 삶을 위해 고민하는 청년들이 그의 철학과 활동에서 영감을 받아 각자가 있는 공간으로 돌아가 실천하는 중이야.

나는 피 조를 가이아 아쉬람에서 열렸던 넥스트제노아 NextGENOA의 생태마을디자인교육(EDE, Ecovillage Design Education) 때 처음 만났어. 함께 밭에서 작업을 할 때 동네 친근한 할아버지처럼 어떤 식물을 먹을 수 있는지, 어떻게 먹어야 하는지 세세하게 알려 주시곤 했지.

"나의 삶이 다른 이와 달라도 괜찮아. 인생 어려울 거 뭐 있어?"

나는 장황한 설명 없이 인생 조언을 툭 던지는 그에게 매력을 느꼈고 자연스레 그가 일구는 터전을 보고 싶어 펀펀을 찾아갔어.

순환하는 경제를 위해서

농사짓는 할머니가 되는 것이 꿈인 나는 농사를 어떻게 배워야 할까 고민하다 문득 '지구 온난화로 인한 기후변화로 한국도 아열대기후로 변할 수 있겠다'라는 생각이 들었어. 그래서 이곳 펀펀에서 동남아 지역의 농사 방식을 배워 두면 좋겠다는 생각이 들었지.

마침 공동체에서 운영하는 카페에서 검은깨강정을 만들고 있었고 고소한 향기가 자연스레 날 그쪽으로 유인했어. 썽태우에서 장시간 매연을 마시며 수많은 짐과 사람들 사이를 비좁게 앉아 왔더니 목도 마르고 좀 쉬고 싶었거든.

카페 입구로 다가갔을 때 문 앞의 테이블에서 책을 읽고 앉아 있는 여자와 눈이 마주쳤고 우리는 누가 먼저랄 것 없이 반갑게 인사를 나눴어.

"안녕! 오늘 날씨가 참 좋지. 이제 막 도착해서 너무 목이 마른데 여기서는 어떤 걸 마시면 좋아?"

"어서 와! 다 맛있긴 한데, 내가 지금 마시는 라임민트허니 스무디를 마시면 기분이 상쾌해질 거야!"

마을 전경이 보이는 자리에 앉아 추천해 준 음료를 주문해 상큼함과 달달함을 입 안 가득 채워 넣었어.

"어디서 왔니?"

"한국에서 왔어. 나는 넥스트젠이라는 곳에서 활동하는데 1월부터 아시아의 생태마을을 방문하며 인터뷰를 하고 있어. 이 마을은 자유롭게 둘러보면 되는 거야? 다들 바빠 보이는데 누구에게 얘기해야 할까?"

"그렇구나. 나는 이곳에서 자원활동을 하거든. 괜찮으면 내가 몇 군데 보여 줄게."

때마침 다정한 편편의 자원활동가를 만나 마을 곳곳을 둘러봤어.

"이 X자 표시는 뭐야?"

안내를 받아 마을을 걷다가 나무 열매에 커다랗고 진하게 엑스가 그려진 것을 보고는 궁금해서 물었어.

"오래 전부터 편편은 토종 종자를 이웃 마을은 물론 태국 곳곳으로 나누기 위해 농사를 짓고 있어. 그래서 가장 건강한 작물에서 씨앗을 얻으려 노력하지. 이렇게 엑스 표시를 한 작물은 채종할 예정이기 때문에 수확하지 말라는 뜻이야. 그리고 '나눔/공유(Share)'라고 써진 곳은 씨앗을 모으고 보관하는 장소야."

"그럼, 씨앗용 열매 외의 작물로 자급자족이 가능해? 편편은 경제적으로는 어떻게 공동체를 유지하는 거야?"

"나는 이곳의 가치에 공감해서 열정적으로 자원활동을 하는 중이야. 기본적으로 어느 공동체나 자신들이 키우는 작물만으로 100퍼센트 자급자족을 하긴 어려울 거야. 개인의 경제활동도 존중해야 하고 농사 외에도 여러 활동을 하거든. 편편에서는 자급자족도 중요시하지만 '순환의 경제'를 중요하게 생각해."

편편은 당장 자신들의 먹거리를 해결하는 문제에 집중하기 보다 더 많은 마을과 공동체로 건강한 씨앗을 퍼트리는 일을 우선시하고 있었어. 그래서 농부들에게서 씨앗을 수집하여 나누고, 주변 농가에서 버려지는 재료를 모아 퇴비로 만들어 다시 나누었지. 개인이나 한 마을에서는 하기 어려운 씨앗과 퇴비의 순환을 돕는 일이었어. 이곳이야말로 미래 세대에게 희망과 같은 곳이지 않을까?

편편에서는 치앙마이 부근의 학교 아이들이 직접 보고 배울 수 있도록 캠프 프로그램을 열었고, 보수적인 태국 사회에서 여성들이 자립할 수 있도록 여성을 위한 자연 건축 워크숍도 진행했어. 마을 입구에는 생활에 필요한 옷, 비누, 샴푸, 간식 같은 상품을 파는 가게도 있었지. 편편만이 아니라 주변 지역에서 생산되는 재료로 물건을 만들어 더 넓은 사회로 순환시키고 이를 통해 공동체의 경제적 자립도 시도했던 거야.

하지만 무엇보다 이 공동체가 계속 성장해 온 진짜 이유는 함께 살아가는 공동체 사람이나 마을 사람들을 연결하고 여러 일들이 순환할 수 있도록 도와주는 활동가들 덕분이라고 생각했어. 별다른 보상이 없어도 짧게는 몇 주 길게는 몇 달에서 몇 년까지 자신의 마음과 시간과 에너지를 내어 주는 활동가들이 무척이나 빛나 보였어.

넥스트젠코리아

일본 유학을 마치고 한국으로 돌아온 2014년, 나는 내가 배우고 또 펼쳐나가고 싶은 활동을 위해 네트워킹을 시작했어. 우리는 흔히 '평화'라고 하면 상호 분쟁을 막고 관계를 이해하는 정치나 시스템을 떠올리고, '먹거리'라고 하면 요리와 농사에만 초점을 맞추고, '교육'이라고 하면 청소년과 학교라는 틀에만 집중하지. 나는 평화, 먹거리, 교육이라는 키워드가 연결되어 있다고 생각했기 때문에 이렇게 단절되어 있는 상황이 아쉬웠어. 그런 생각으로 서로의 다름을 이해하고 교류하며 또 실천할 수 있는 사람들을 찾아다녔지. 그러다 만난 게 넥스트젠NextGEN이라는 또래 친구들이었어.

넥스트젠이란 이름을 처음 들었을 때는 단순히 '다음 세대를 위해서 뭔가 활동하는 곳인가 보다' 하는 생각이 들었지만, 그 바탕에는 젠GEN, 즉 세계 생태마을 네크워트(Global Ecovillage Network)가 있었어. 젠이라는 이름으로 전 세계 곳곳에서는 수십 년간 공동체를 만들어 활동해 온 사람들이 있었고, 그 다음 세대들이 변화하는 세상에 맞추어 자신들의 생태마을을 꾸려 나가기 위해 노력하고 있어.

한마디로 넥스트젠은 다음 세대에 의한, 다음 세대를 위한 공동체라고 할 수 있어. 그 중심에는 전 세계 청년들이 자리했지. 넥트스젠 청년 중에는 젠에 등록된 공동체에서 태어나고 자란 친구도 있었지만, 새로운 공동체를 만드는 걸 꿈꾸며 세계를 여행하는 친구들도 많았어.

나는 2016년 초부터 지금까지 '넥스트젠코리아'라는 이름으로 멤버들과 인도, 태국, 한국을 비롯해 여러 생태마을/공동체를 다녔고 생태마을디자인교육을 배우며 함께하게 되었어. 우리는 각자가 꿈꾸는 삶을 조화롭게 통합시키고 사회 속에서 창조해 나갈 수 있을지 의논하며 활동을 이어가는 중이야. 물리적인 생태마을을 세운 것은 아니지만 멤버들이 서로를 공동체의 일원으로 생각하고 있지.

새로운 생태마을/공동체를 설립하기 위해서는 많은 경험과 도전 정신이 필요한 것 같아. 넥스트젠코리아 친구들도 여럿이 함께하기 위해 때로는 부딪치고 때로는 서로 배려하며 평화로운 관계를 터득하려고 노력했어.

우리는 함께하는 활동에 그치지 않고, 서로의 관심사와 지향점을 향해 각자의 길을 걷고 있기도 해. 나에겐 평화와 먹거리와 교육을 키워드로 한 이번 여행이 그런 활동인 셈이야. 주로 동남아시아와 유럽의 생태마을을 찾아다니며 자신을 치유하는 힘, 서로 평화가 되는 방법, 자신의 활동을 다른 사람들과 나누는 마음을 둘러보려고 길을 나섰지. 그중에서도 여러 공동체의 부엌을 찾아다니며 생태마을 사람들이 어떻게 자신의 활동을 부엌과 식탁에서도 펼쳐내는지 보고 싶었어.

넥스트젠 친구들은 나의 이런 계획을 듣고서 누구보다 응원하고 지지해 준 사람들이야. 나에게 넥스트젠은 마음의 공동체이자 평생을 함께할 동료들이고 다음 세대에게도 소개하고 싶은 아름다운 희망이야.

라임민트허니 스무디

얼음 .... 컵의 3분의 2 분량
라임 .... 2~3개
민트 .... 푸짐하게
꿀 .... 약간

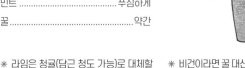

✳ 라임은 청귤(담근 청도 가능)로 대체할
수 있다.

✳ 태국은 거리 곳곳에 민트가 있을 정도로
흔하지만 한국은 그렇지 않다. 민트 한
가닥을 물에 1주일가량 담궈 두면 뿌리
를 내린다. 이걸 흙으로 옮겨 심는 방식
으로 민트를 키워 보자.

✳ 비건이라면 꿀 대신 향이 있는 마스코바
도 설탕 혹은 흑설탕을 사용한다. 씹히
는 설탕을 토핑처럼 올려도 좋다.

✳ 스무디이기 때문에 떠먹을 수 있다. 빨대
를 사용한다면 종이나 스테인리스 혹은
갈대로 만든 빨대를 사용하면 좋겠다.

조리법

❶ 믹서기에 민트가 잘 갈릴 수 있도록
약간의 물과 함께 민트를 넣는다.

② 깨끗이 씻은 라임을 반으로 갈라 ❶ 에 짜 넣고, 나머지 반 조각은 껍질째 넣는다.

❸ 얼음을 넣는다.

❹ 기호에 맞게 설탕을 약간 넣고 믹서 기를 간다.

❺ 준비해 둔 잔에 ❹를 따르고 위에 꿀 을 듬뿍 넣은 뒤 민트를 예쁘게 올린다.

남 인 도 타 밀 나 두

SOUTH INDIA   TAMIL NADU

오 로 빌 생 태 마 을

모두를 위한
경제

*

마살라 짜이
짜이 쿠키

사막 위에 세운 생태마을

지난 2018년, 인도의 오로빌Auroville 생태마을이 50주년을 맞았어. 오로빌은 내가 지금까지 여행한 공동체 가운데 가장 오래되고 가장 큰 곳이었어. 이곳은 나무 한 그루 없던 황폐한 사막을 생태마을로 만든 놀라운 공동체야.

개척자들이 척박한 사막에 한 그루 한 그루 나무를 심기 시작해서 지금은 숲과 물이 존재하고, 동물이 살고, 45개국 이상의 나라에서 온 2,800여 명의 사람들이 모여 함께 사는 곳이 되었어. 나는 이번 여행에서 오로빌의 여러 생명과 사람 들로부터 긍정적인 자극을 받을 수 있으리라 기대했어. 또 그동안 갖고 있었던 궁금증도 풀고 싶었지.

'이들은 어려움을 겪을 때마다 어떻게 극복했을까? 이 많은 사람들이 어떻게 모여 살 수 있을까? 여기서 태어난 세대들은 어떤 시각으로 오로빌을 그리고 세상을 바라볼까?'

오로빌에서 보낸 2주는 모든 궁금증을 해결하기에는 너무 짧은 시간이었어. 그만큼 이곳에는 다양한 활동을 하는 커뮤니티들이 무척 많았지. 그래서 오로빌은 안정적이고 효율적인 운영을 위해 최소 2주에서 한 달 이상 지낼 수 있는 자원활동가를 원해.

처음 셋째 날까지는 친구의 소개로 여러 이벤트와 커뮤니티를 방문하며 남은 기간 동안 어디서 지낼지 결정하는 시간을 보냈어. 오로빌 안에서 일어나는 이벤트 중에는 무료도 있고 비용이 발생하는 것도 있는데, 비용이 필요한 이벤트도 일정한 금액의 참가비가 아니라 기부금 형식으로 돈을 받는 점이 독특했어. 돈에 대한 기본적인 전제에 '서로를 돕기 위한 매개'라는 생각이 깔려 있었지.

수확의 기쁨

방문한 커뮤니티 중 일정에 맞춰 내가 지낼 수 있는 유일

한 곳은 떼라소울 농장이었어. 이 커뮤니티는 퍼머컬처와 자연 농을 실천하는 곳으로 오전 9시부터 오후 1시까지 농장에 필요한 일을 하고 나면 다른 시간은 자유롭게 쓸 수 있었어. 나는 아까(한국의 언니, 누나처럼 자신보다 나이가 많은 여자를 가리키는 말이야)를 도와 부엌일과 밭일을 같이 했어.

일주일 가운데 이틀은 '수확의 날'로 농장에서 자란 채소와 과일, 직접 가공한 과일잼을 오로빌 생협에 공급하는 일을 했어. 수확물이 농장에서 판매처로 어떻게 공급되는지 직접 볼수 있었지. 공동체가 자립할 수 있는 중요한 일이기도 했고 제일 신나는 시간이었어. 그때만큼은 모든 구성원들이 한곳에 모여 채소를 손질하고 포장하며 수다를 떨었거든.

모든 물품이 생협으로 갈 때쯤이면 나와 아까는 공간을 정리하고 함께 먹을 간식을 준비해. 더위에 지친 몸을 달래 주기 위해 아침 일찍 짜온 신선하고 진한 우유에 향신료를 넣고 푹 끓인 달달한 짜이, 부엌 앞 나무에서 바로 딴 신선한 라임과 설탕을 섞은 라임 주스, 여기에 수확하다 상처가 난 과일까지 한데 모았어. 특히 떼라소울의 파파야는 반지르르한 윤기가 흐르고 너무 달지 않으면서도 풍부한 맛을 안겨 주었어. 알고 보니 오로빌 안에서도 점점 입소문을 타고 유명해지는 중이더라고.

오로빌은 경제적으로 여러 형태의 실험을 하고 있었는데, 마을 곳곳의 생협과 가게를 드나들며 가장 감명받은 곳은 '모두를 위한'이라는 뜻이 담긴 '푸투스' 생협이었어. 오로빌리언 (오로빌에 정착해 사는 구성원들을 가리키는 말이야)들만 가입과 구매를 할 수 있는 곳으로 일정한 금액을 미리 넣어 두고 차감하는 방식으로 운영했어.

특히 물건이 얼마인지 알 수 없도록 '가격표가 없는' 시스템으로 운영된다는 사실이 너무나 놀라웠어. 가격으로 상품을 비교하거나 판단하지 말고 자신에게 꼭 필요한 물건의 쓸모를 생각하자는 취지였지. 물론 소비자가 원할 때는 가격을 물어보고 미리 알 수 있었지만 오로빌리언들은 이 시스템을 자연스럽게 받아들이고 이용했어. 이런 시스템 때문에 오히려 싼 것과 비싼 것 사이에서 고민하는 시간을 줄이고 불필요한 소비 없이 자신에게 꼭 필요한 것만을 구매하게 되었다고 해. 더불어 이곳은 나눔의 경제를 실천하기 위해 노력하는 곳이라 서로 사용하지 않는 물건을 교환할 수도 있었어.

농산물을 납품하는 여러 커뮤니티 농장에서 아쉬워하는

점은 바로 '소비자 중심'의 운영체계라고 해. 예를 들면 떼라소울의 자랑인 파파야라고 해도 과일에 상처가 있다며 반환하러 오는 경우가 종종 있다는 거야. 먹는 데는 아무 문제가 없지만 소비자가 보기에 겉모습이 조금 마음에 들지 않는다는 이유로 선택받지 못하거나 구입하고 반품하는 과정 중에 흠집이 난 것들은 결국 버려지는 거지.

누군가 온종일 머리에 양동이를 지고서 혹시 떨어지지 않을까, 또 상처 나지 않을까 조마조마하며 수확한 파파야가 손톱만큼의 상처가 났다며 거부당하는 일이 생기다니! 대안적인 삶을 지향하는 사람들이 모인 오로빌에서까지 이런 일이 생긴다는 사실에 적잖이 실망했어. 상품의 가치에 따라 가격이 정해졌음에도 불구하고, 진열된 상품 중 더 나은 것을 찾으려는 소비자의 마음은 어딜 가나 같은 걸까? 이런 문화나 시스템을 바꿀 수는 없는 걸까? 어떻게 하면 바꿀 수 있을까?

반품된 파파야는 결국 나와 함께 일하는 친구들이 먹었고, 그 맛은 역시 일품이었어. 평소 우리는 존재의 진짜 가치를 알아보지 못한 채 얼마나 많은 것들을 놓치고 있는 걸까.

한숨만 쉴 수는 없어서 나부터 버려지는 재료와 물건을 되살리고 줄일 방법을 찾기로 했어. 물론 내가 가장 좋아하는 부엌에서 시작했지. 향신료를 잔뜩 넣어 진득하게 우려낸 짜이는 나의 소울드링크야. 짧게는 15분에서 길게는 30분까지 물에 카다몸, 시나몬, 정향를 넣고 끓인 다음 두유를 넣어. 그리고 거품이 끓어올랐을 때 불을 낮춰 살짝 더 끓이면 완성이야.

아침에 짜이를 마시면 향신료가 주는 따뜻함과 에너지로 하루를 시작할 수 있어. 때에 따라 설탕을 2~3스푼 넣어 달달하게 마시면 눈이 확 뜨일 정도지. 여기 떼라소울에서도 오전 휴식 시간이나 점심을 먹고 난 다음 짜이를 끓여 마시곤 했는데, 짜이 담당이었던 나에겐 사실 큰 고민이 있었어. 바로 짜이를 우리고 남은 원재료가 그대로 버려진다는 사실이야. 이걸로 뭔가 다른 음식을 할 수 있지 않을까 오랫동안 고민하다 쿠키에 도전하기로 했어.

"세영 뭐 하는 거야?"

부엌에서 내가 또 뭔가를 만드니까 인도 친구들이 다가왔어.

"응, 짜이 재료가 너무 아까워서 다른 활용법이 없을까 생각하다가 예전에 네팔에서 먹었던 깝시(얇게 튀긴 두부 같은 과자야)를 만들어 볼까 해."

"뭐라고? 짜이를 끓이고 남은 찌꺼기는 당연히 버리는 거 아니었어? 맛이 어떨지 궁금하다. 어떻게 만드는 거야?"

그렇게 한두 명씩 모이더니 결국 함께 지내던 7명의 친구들이 다함께 둘러 앉아 과자를 만들었지.

먼저 짜이를 끓이고 남은 찌꺼기에서 큰 향신료들을 골라내고 적당한 양을 건져 물로 한 번 헹군 뒤 오로빌에서 나는 통밀가루와 섞었어. 단맛을 위해 약간의 설탕을 넣고 물과 코코넛 오일도 조금 넣었지. 모든 재료를 섞은 반죽을 밀대로 밀어서 납작하게 누르고 칼로 모양을 잡아서 튀기면 완성이야. 기름에 튀기고 남은 반죽을 옆에 있던 철판에 올려 구웠더니 향긋한 냄새가 더욱 진해서 제법 그럴싸했어.

은은한 짜이 향과 오도독거리는 카다몸의 식감이 느껴지는 쿠키를 친구들과 나눠 먹으니 내 안의 막연한 답답함도 조금 누그러지는 것 같았어.

마살라짜이

준비 재료(1인분)

아몬드 밀크/코코넛 밀크/두유/우유
(자신의 취향에 따라 선택) .... 150㎖
물...50㎖
설탕 ....1~2스푼
홍차 1.5스푼

향신료(카다몸 3알, 마살라가루 약간, 계피
(스틱/가루) 약간)....................................
정향 2개
팔각 1개
생강 슬라이스 2조각

✳ 위의 재료는 짜이를 만들 때 꼭 필요한
   순서대로 표기했지만 취향에 따라 선택
   하거나 생략할 수 있다.

조리법

❶ 냄비에 물을 담아 차와 향신료(카다
   몸, 계피스틱, 생강, 정향, 팔각)를 넣
   고 약불로 15분가량 끓인다.

❷ 밀크를 넣고 중불로 10분 정도 더 끓인다. 보글보글
   거품이 끓어오르면 불 세기를 낮췄다가 다시 키운
   다. 이렇게 두세 번 반복한다(거품이 너무 많이 올
   라왔을 때 국자로 살짝 저어 주면 가라앉는다).

❸ 거름망으로 향신료를 거르며 ❷를 컵
   에 따른다.

❹ 음료 위에 마살라가루를 아주 살짝
   뿌려 준다.

짜이 쿠키 (깝시)

준비 재료

밀가루.. 1컵
껍질을 벗긴 카다몸 씨앗.................약간
홍차잎..약간
소금 ....약간
설탕..10스푼
기름(카놀라유나 포도씨유) 2스푼
물.......3분의 1컵(필요에 따라 조절 가능)

＊ 짜이를 우리고 남은 건더기를 물에 헹군
   뒤 활용한다.

조리법

❶ 큰 볼에 밀가루를 곱게 체에 내린다.

❷ 소금, 카다몸, 홍차잎, 설탕을 밀가루
   와 고루 섞는다.

❸ 물을 조금씩 넣으면서 부드러운 반죽
덩어리를 만든다. 마지막에 기름을
발라 조금 더 반죽한다(수제비 반죽
과 비슷하다).

❹ 반죽을 볼에 담아 실온에 15분 이상
둔다.

⑤ 도마 위에 밀가루를 뿌리고, 반죽
을 탁구공 크기 정도로 조금씩 떼어
2~3mm 정도 두께가 되도록 밀대(유
리병에 기름을 발라 사용해도 된다)
로 편다.

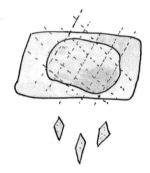

⑥ 칼을 사용하여 반죽을 원하는 모양으
로 자른다.

❽ 기름을 털고 겉면에 설탕을 묻혀 먹거나 짜이랑 함께 먹으면 더욱 맛있다.

❼ 기름에 열을 가해 충분히 따뜻해진 걸 확인한 뒤 반죽 조각을 넣는다. 향이 나고 살짝 갈색이 될 정도로 튀긴다.

남 인 도   타 밀 나 두

SOUTH INDIA   TAMIL NADU

오 로 빌   생 태 마 을

조금 덜 먹어도
괜찮아

*

커드라이스
커드라이스 토핑

커뮤니티 포틀럭

"너희 그거 먹어 봤어?"

"출출하지 않아?"

"있다가 뭐 먹을까?"

떼라소울에서 끊이지 않고 오고 가는 질문들이야. 북인도, 남인도, 아르헨티나, 터키, 한국에서 온 7명의 친구들은 떼라소울에서 만난 날부터 가족 같은 남매가 되었어. 우리를 이토록 끈끈하게 묶어 준 공통점은 다름 아닌 먹는 것, 특히 함께 만들어 먹는 요리였어.

누군가 요리를 제안하면 누구는 장을 봐 오고 누구는 식탁을 차리고 누군가는 집 안을 청소했지. 또 누군가는 음악을 고르고 춤을 추자고 유도하는 식이었어. 이렇게 우리는 요리 시간을 즐겼고 우리의 중요한 대화는 '다음 식사에는 무얼 해 먹을까' 또는 '누구를 초대해서 같이 먹을까?'였어.

그래서 함께한 2주 동안 포틀럭(각자 나누고 싶은 음식을 조금씩 준비해 함께 나눠 먹는 방식을 말해)을 몇 번이나 했는지 몰라. 한국 요리, 터키 요리, 스페인 요리, 네팔 요리, 남인도 요리, 피자 파티 등등 내가 찾아가지 않아도 오로빌에 있는 재밌는 친구들이 떼라소울로 모여들어 자신들의 요리를 선보이기도 했어.

밥을 먹는 동안 다양한 사람들이 이곳에 어떻게 모였는지 어디서 왔는지 소개하는 시간을 가졌어. 사실 한때 떼라소울 커뮤니티는 오로빌 내에서 가장 활발한 퍼머컬처 농장이었고 커뮤니티 포틀럭도 자주했는데, 각자 저마다의 일에 집중하면서 점차 서로 얼굴을 보고 밥을 먹는 시간이 줄어들었다고 해.

"이 포틀럭을 계기로 정말 오랜만에 떼라소울에 왔어. 그동안 잃어버렸던, 부족하다고 느꼈던 공동체성을 다시 되찾는 느낌이야."

포틀럭에 참여한 많은 사람들이 이런 말을 해 주었고, 나는 그런 말들에 더욱 신이 나 열심히 부엌에서 요리를 했어. 농장에서 무와 시금치를 수확하고는 한국에서 가져온 귀한 김을 구워 밥을 싸 먹을 수 있도록 하고, 고춧가루, 소금으로 겉절이 김치를 담그고 간장과 참기름으로 나물을 무쳤어. 욕심으론 김치전도 부치고 싶었지만, 친구들과 감자를 갈아 만든 감자전으로 만족했어. 수확할 무가 없을 땐 덜 익은 파파야로 채 썰어 김치 생채처럼 무쳤는데 어찌나 인기가 많던지! 두 끼면 금세 사라졌던 터라 여러 번 먹으려면 다른 용기에 옮겨서 따로 보관해 둬야 할 정도였지 뭐야.

오로빌 내에서 한국 요리는 건강한 발효 음식으로 알려져 있어. 인도의 주식이 채식이기도 하고 오로빌리언 중에 채식을 지향하는 사람들이 많아서 특히 김, 김치와 나물에 많은 관심을 보였어.

과식은 위험해

오로빌에도 맛있는 음식점들이 많아. 어떤 날은 친구들을 따라 오로빌의 유명한 베이커리 가게에서 갓 구운 크루와상을 먹기 위해 새벽 6시에 일어나 빵집에 간 적이 있어. 크루와상뿐만 아니라 다양한 빵이 많아서 한바탕 시식회를 하느라 지각했던 기억이 나네.

토요일 밤 무제한으로 먹을 수 있는 화덕 수제 피자를 먹기 위해 밤늦게까지 기다리기도 하고, 너무 더울 땐 비건 아이스크림 가게에서 종류별로 먹기도 했는데 우리가 제일 좋아했던 건 구아바 아이스크림이었어.

친구들 중에는 태어나고 자라온 환경이 채식이라 자연스럽게 채식을 하는 친구도 있고 체질이나 환경을 위해 의도적으로 채식을 시작한 나 같은 사람, 그리고 살면서 채식을 하리라고는 생각지도 못하다가 인도에서 도전한 친구도 있었어. 그 친구는 굳이 아이스크림까지 비건이어야 하느냐며 시원찮아 했지만, 한입 먹은 뒤 바로 또 먹으러 가자고 할 정도로 좋아했지.

어떤 때는 근처의 다른 커뮤니티 농장으로 특별 점심을 먹으러 간 적도 있었어. 땀을 뻘뻘 흘리며 부랴부랴 움직였는데도 마지막 딱 한 접시만 남아서 3명이 나눠 먹었어. 그 농장은 메밀 수확이 잘 되는 곳이라 메밀밥, 메밀로 만든 전, 메밀이 들어간 스프까지 메밀로 만든 다양한 음식이 나오는 곳이라 특히 인상 깊었어.

메밀 특유의 쌉싸르한 맛으로 더위를 식히며 돌아가는 길, 마당에 핑크색으로 만든 무언가가 널려 있어서 들여다보았더니, 세상에! 비트로 만든 파스타면이었어. 시판용 파스타면만 먹어 본 인도 친구가 수제로 직접 뽑은 특이한 파스타 면이 궁금하다고 성화를 부려서 비트면을 얻어 와 곧장 또 요리를 해서 먹었지.

이런 식으로 맛있는 음식, 특이한 음식을 찾아 계속 먹다 보니 어느 날 배탈이 나고 말았어. 좋은 재료로 만든 음식만 먹었는데 왜 아픈 걸까, 처음에는 이해가 되지 않았어. 그런데 곰곰 생각해 보니 덥다는 이유로 차가운 음식을 자주 먹고 기름지거나 무거운 음식까지 많이 먹었으니 탈이 난 건 당연했던 거야. '이제 과식은 그만!'이라고 몸이 신호를 준 거지.

다행히 하루를 금식하고 나니 몸이 조금 회복되었어. 다시 배가 살살 고파질 때쯤 같이 방을 쓰던 인도 친구가 내게 커드라이스를 권했어. 특히 남인도에서 많이 먹는 커드라이스는 보통 속이 안 좋을 때나 입맛이 나지 않는 아침에 먹는다고 해. 강황이 들어가 노랗게 물든 밥을 커드(요거트)와 조금씩 비비거나 말아서 같이 먹는 건데 보기만해서는 어떤 맛인지 짐작이 가지 않더라고. 그런데 커드의 상큼함과 씹을수록 달짝지근한 밥의 맛이 의외로 조화로웠어.

그렇게 배가 낫고, 마지막 방문지인 사다나포레스트 커뮤니티로 향했어. 이곳에서는 매주 금요일 에코 필름 클럽의 날이 열려. 주로 환경/채식/생태적인 삶과 관련된 영화를 보고 사다나포레스트를 둘러본 뒤 같이 식사하는 프로그램이야. 오로빌이 만들어진 땅은 본래 물이 없어서 나무 한 그루 찾아보기 어려웠던 곳이라고 해. 사다나포레스트는 이렇게 물이 귀한 오로빌에서 물 저장과 절약 그리고 나무 심기와 숲 가꾸기를 주된 일로 삼는 커뮤니티야.

'사다나Sadhana'는 산스크리트어로 '수행'이라는 의미래. 숲과 물에 대한 중요성을 생각하는 곳이라 이곳의 주식은 비건을 지향하는 순수 채식이더라고. 육식에서 비건을 지향할수록 음식을 만드는 데 사용하는 물과 에너지가 얼만큼 줄어드는지 한눈에 보여 주는 포스터가 부엌에 걸려 있었어. 자연스레 음식이 나에게 오기까지 물이 얼마나 중요한 역할을 하는지 고민해 볼 수 있었지.

채식은 단순히 고기를 먹고 안 먹고의 이분법적인 문제가 아니라 내가 차리는 식탁이 생태계의 먹이사슬과 물, 공기, 바람, 흙, 햇빛과 같은 에너지의 순환에 어떠한 영향을 미치는지 생각하는 일이었어. 요리 과정에서 사용되는 에너지, 재료가 식탁으로 오기까지의 에너지 등 모든 연결과 순환에 대해 되돌아보는 일이지.

볍씨가 자라나는 동안 필요했던 물의 양, 과일나무가 자라는 데 필요했던 일조량, 마늘이 자라는 데 필요한 흙의 영양에 대해서 우리는 평소에 얼마나 생각할까? 지난 며칠간 맛을 즐기고 호기심을 채우기 위해 과식했던 스스로를 반성할 수밖에 없었어. 앞으로의 여행길에서는 자연 에너지와 순환을 생각하며 내 몸을 돌보리라 다짐하는 계기가 되었어.

커드라이스

준비 재료(3~4인분)

쌀	1.5~2컵	후추	약간
코코넛 밀크	1컵	소금	약간
코코넛오일	3스푼	큐민	약간
요거트(지방이 많이 함유된 것)	1컵 반	강황/마살라가루	1티스푼

＊ 커드라이스는 특히 속이 좋지 않을 때
　먹는 인도의 보양식이라고 한다.

조리법

❶ 쌀에 강황가루나 마살라가루, 큐민을 넣고 밥을 한다. 향이 좋고 색이 노랗게 된다.

❷ 따뜻한 상태의 밥을 넓은 그릇에 옮겨 코코넛오일과 코코넛 밀크를 더해 버무린다.

❸ 코코넛 밀크를 조금씩 추가하여 밥이 촉촉해지도록 만든다.

❹ 밥이 식으면 요거트(비건이라면 연두부로 대체해도 좋을 것 같다)를 넣고 섞는다.

❺ 기호에 따라 잘게 다진 고수, 당근, 피망, 고추 등을 넣어도 좋다.

❻ 소금, 후추로 간한다.

커드라이스 토핑

코코넛오일............................3~5스푼
(콩기름/현미유로 대체 가능)
머스터드 씨 1스푼
(통들깨로 대체 가능)

커리잎 ....5~6장
(생략 가능, 월계수잎으로 대체 가능)

✳ 토핑은 커드라이스의 핵심이다.

조리법

❶ 중간 불로 달군 팬에 코코넛오일을 충분히 두른 뒤 약불을 유지한다.

❷ 팬에 머스터드 씨를 넣은 뒤 딱딱거리는 소리가 들리고 향이 날 때까지 기다린다.

❸ 향이 나기 시작하면 불을 끄고 커리 잎을 냄비에 넣은 뒤 뚜껑을 잠시 덮어 둔다.

❹ 이렇게 만든 기름을 커드라이스에 넣어 섞는다.

❺ 완성된 밥 위에 석류나 견과류, 피클을 곁들여 먹어도 좋다.

❻ ❸을 냉장고에 보관해 두고 샐러드 드레싱으로도 활용할 수 있다(코코넛 오일은 저온에서 굳는 성질이 있지만 실온에 두면 원래 상태로 돌아온다).

스리랑카 갈레

SRI LANKA   GALLE

활동가 부부

일과 생활의
균형

*

코코넛 밀크
코코넛 삼발

나의 스리랑카 친구들

오로빌에서 스리랑카로 향하는 길. 어떤 새로운 풍경을 만나게 될까 설레는 마음과 동시에 오래된 기억이 떠올랐어. 내가 맨 처음 스리랑카 문화에 대해 접했던 건 2012년 교토에서야. 스리랑카에서 온 친구와 1년간 하우스메이트가 된 덕분이었지.

평소에 몸을 따뜻하게 해 주고 식욕을 돋우는 인도 카레를 좋아하는데 인도와 문화권이 비슷할 것 같은 스리랑카 사람과 함께 지내게 되어서 반가웠어. 내심 덕분에 스리랑카 카레를 먹을 수 있다면 그건 어떤 맛일지 기대했지. 마음 급한 나는 첫 만남 때 바로 스리랑카 요리를 배우고 싶다고 고백해 버렸고, 다행히 그녀도 주 5일에 한 끼는 꼭 함께 카레를 먹을 수 있으면 기쁘겠다고 말해 주었어.

비슷한 문화권이라고 생각했지만 스리랑카 음식은 인도 음식에 비해 향신료 향이 조금 덜하고 대신 매콤한 고춧가루를 많이 사용했어. 오히려 한국 음식을 떠올리게 하는 맛이어서 신기하고 친근했어.

이번에 스리랑카에서 지낼 때는 넥스트제노아로 활동하는 트루디와 시온 부부네 집에서 보내기로 했어. 한국에서 넥스트젠 활동을 하는 나에게는 롤 모델이자 멘토인 친구들이었지. 친구들이 속한 스리랑카 공동체에서는 다양한 구성원들이 지속가능한 방식으로 살아가기 위한 생태마을디자인교육, 밭의 생명을 다양하고도 아름답게 디자인하는 퍼머컬처, 숲을 위해 사람이 할 수 있는 역할을 찾는 아날로그 포레스트리 같은 교육을 진행했어.

친구들은 플라스틱을 잘게 부숴 벽돌을 만드는 에코브릭, 지역에서 일자리를 구하기 어려운 여성과 비누를 만드는 사회적기업 문쉐도우, 소규모 생산자들이 모여 시장을 만드는 굿마켓 등의 기획을 벌이며 바쁘게 살고 있었지. 나는 특히 두 사람이 함께 일하며 빚어내는 화합의 모습이 좋았고, 일상에서도 자신의 가치관을 솔직하게 나누며 섬세하게 조율하는 모습이 인상 깊었어. 이처럼 '인간이 지구를 위해 할 수 있는 일은 무한 정'이라고 믿는 그들의 일상을 가까이에서 볼 수 있다는 생각 에 이번 여정을 더욱 기대했던 것 같아.

원숭이와 함께

콜롬보에서 남쪽 갈레 지역으로 버스를 타고 2시간 정도 내려가니 앞으론 아름다운 해변이 펼쳐졌고 뒤에는 산이 보였 어. 마치 제주도와 비슷한 풍경이 떠오르는 그곳에 친구들의 집 이 있었지.

갈레 지역은 어부들이 스리랑카 전통 방식으로 고기를 잡 는 것으로 유명해. 탁 트인 인도양 바다를 가로질러 저 멀리 남 극이 있다고 생각하니 적도와 가까워 무더운 스리랑카에서도 남극의 찬 기운이 느껴지는 것 같았어.

마중 나온 시온과 차를 타고 들어가면서 장을 보기로 했 어. 바나나, 파파야, 아보카도 그리고 버펄로(물소) 젖으로 만든 스리랑카 전통 요거트(다히)를 샀어. 특히 다히는 꼭 맛봐야 한 다고 해서 친구가 자주 간다는 할머니 가게에 들러 항아리 모양 토기에 담긴 걸 구매했어.

좁은 골목과 기찻길을 차례로 지나고 나니 큰 정원이 있는 집이 보였어. 집 안으로 들어가는 정원 곳곳엔 먹을 수 있는 각종 채소와 과일나무가 심어져 있고, 가장 큰 나무 아래 그늘진 곳에는 퇴비장이 있었어. 정원과 텃밭이 절묘하게 조합된 친환경적인 공간이었지.

집에 들어가려는데 "우·우·우!" 하는 소리가 들려 물었더니 친구가 "원숭이 가족이 왔어. 저기 봐" 하고 나무를 가리켰어. 올려다보니 정말 원숭이 가족이 마을의 큰 나무들 사이를 이동하고 있었지. 그때서야 주위를 둘러보니 원숭이가 나무에 앉아 열매를 따 먹는 모습도 보이고, 자그마한 아기 원숭이가 어미 원숭이 등에 업혀 있는 것도 보였어. 원숭이와 함께 사는 마을이라니. 그 모습이 너무 낯설고 신기해서 한참을 쳐다보았어.

워라밸을 위한 하루 네 끼

이들의 하루 일과와 식단은 무척 인상적이었는데, 특별히 내 마음에 와 닿았던 건 식사 시간이야. 나에게 식사 시간은 음식 재료인 작물이나 열매의 순환을 그려 보는 시간이기도 해.

누가 어떻게 씨앗을 심고 길렀는지, 어떻게 부엌에 도착하고 조리되었는지, 더 나아가 내 몸에서 소화되어 자연으로 다시 돌아가는 순환을 돌아보는 시간인 거지.

친구들은 텃밭에서 기를 수 있는 채소와 과일나무를 직접 가꾸며 기본적인 식재료를 얻는 한편, 믿을 수 있는 농부에게 농산물을 구매해 건강한 식단을 꾸렸어. 채식 위주로 식단을 꾸리되 아이들의 성장에 필요한 영양소를 신경 쓰기도 했지. 무엇보다 특이했던 점은 하루 식사 횟수가 네 번이었다는 거야.

친구들은 아침 식사를 두 번에 걸쳐 나눠 먹었어. 오전 9시쯤엔 따뜻한 차나 과일에 허브를 갈아 넣은 음료를 마셨고, 11시쯤 가벼운 메뉴와 커피로 아침 식사를 먹었어. 그리고 오후 2시쯤 밥과 카레가 있는 점심 식사를, 저녁 7~8시 사이에 저녁 식사와 허브티를 마시며 하루를 마무리했지.

이런 하루 네 끼의 식사 시간은 조금씩 자주 먹는 것이 좋은 아이의 식사에 맞추면서 정한 것이라고 해. 보통 두 끼나 세 끼를 먹는 일반적인 식사보다 준비 시간이 좀 길어지지만 정성스럽게 차린 식탁을 가족들과 함께 나누는 하루가 행복으로 꽉 찬 느낌이었어.

아이와 아이를 돌보는 사람이 식사 시간을 맞출 수 있다는 점도 좋았고, 소식을 나누어 하니 군것질 없이 속이 편안했어. 이렇게 그들과 매끼를 먹으니 '건강한 식구'가 되는 기분이 들었지.

요리와 육아를 위한 한 팀

부엌일은 반드시 엄마가 해야 하는 어떤 것이 아니야. 최근에는 많이 달라졌다지만, 아직도 주방이나 부엌이라고 하면 그 속에서 일하는 여성의 모습을 떠올리잖아. 나는 부엌에서 일하는 걸 좋아하지만 '남성은 밖에서 일하고 여성은 안에서 요리한다'라는 식으로 바깥일과 집안일을 구분하는 것은 마음에 들지 않아.

부부나 파트너라면 서로 일의 영역을 나눠 각자의 몫을 제한하지 말고 무엇이든 일종의 '팀'으로서 함께해야 좋다고 생각해. 진정한 팀이라면 돈벌이든 가정일이든 가치를 똑같이 존중하며 살아 보면 어떨까.

트루디와 시온 부부는 요일을 정해 돌아가면서 아이를 양육하고 아이를 돌보지 않는 사람은 자연스레 다른 집안일을 했어. 아이를 돌보지 않는 날엔 각자 자신의 경제활동을 하거나 친구를 만나거나 시장에 가서 장을 보는 등 각자의 시간을 보내기도 했지. 서로 사생활을 존중하면서도 함께 생활을 만들어가는 리듬이 참 보기 좋았어.

요즘은 여자나 남자나 모두 부엌에서 머무는 시간이 짧아지고 밖에서 비싼 음식을 사 먹거나 배달시켜 먹는 것이 일종의 행복으로 여겨지는 것 같아. 요리 방송만 봐도 손쉽게 가공식품을 구매해 만드는 레시피들이 소개되고, 30분 이상 쌀을 불리고 안쳐서 만든 밥이 아닌, 플라스틱에 담긴 쌀을 전자레인지에 잠깐 돌려 요리를 완성하는 모습을 보여 주지.

나는 이런 경향이나 모습 들이 오히려 사람들을 부엌에서 점점 내모는 것 같아. 왜냐면 뭔가 조리된 음식을 사 먹는 일이 늘어날수록 스스로 부엌에서 '나는 할 수 있는 것도 아는 것도 없다'는 느낌을 받거든. 요리나 부엌에 대해 두려워하는 마음이 점점 커지면, 어쩌다 부엌에서 요리를 해 보려고 해도 막막함과 부끄러움이 솟아나고 결국 부엌에서 멀어지게 될 거야.

그래서 아주 작은 부분이라도 요리 과정에 참여하는 일은 중요하다고 생각해. 하면 할수록 그만큼의 지식과 자신감을 얻을 수 있는 게 요리니까. 특히 음식을 함께 먹을 사람이 있다면, 서로를 위해 요리하고 싶은 마음이 우러나오도록 상대방을 응원하는 관계를 만들어 나가면 좋겠어. 분명 기대보다 큰 즐거움과 만족을 얻을 수 있을 거야. 매 끼니는 어렵겠지만 혼자 식사하는 사람 역시 때때로 스스로를 위한 정성어린 한 끼를 준비했으면 해. 우리 몸은 '정성스럽게 만든 음식이 진짜 맛있는 음식'이라는 걸 이미 알고 있거든.

만능 코코넛

서로 최대한 상대에게 쉴 시간을 주려고 해도 육아라는 건 마음 놓고 푹 쉴 수 없는 상황이 많더라고. 그래서 조금이라도 손을 보태고 싶었던 나는 부엌일을 자청했어. 또 한편으로는 이들의 부엌에서 새로운 레시피를 상상하고 찾을 수 있지 않을까 하는 기대도 있었어.

우선 부엌 구석구석을 청소하며 각각의 물건들이 어디에 있는지 파악했지. 그중 흥미로운 물건이 있었는데 바로 코코넛을 가는 도구였어. 필리핀과 태국을 거쳐 남인도와 스리랑카를 여행하며 체감한 것은 요리에 코코넛을 정말 많이 사용한다는 거야.

태국에도 코코넛 밀크는 있었지만 보통 슈퍼에서 가공되

어 나온 것을 구입하거나 두유를 많이 마시는 편이었어. 그에 비해 주로 채식을 하는 인도와 스리랑카에서는 코코넛을 더 많이 소비하고 있었지.

우윳빛의 액체 위에 투명하게 떠 있는 신선한 기름의 코코넛 밀크에는 기분 좋은 무거움이 존재해. 스리랑카에서는 코코넛 종류 가운데 '킹코코넛'이 많이 쓰이는데, 노란빛을 많이 띠는 이 코코넛은 태국과 필리핀 열매에 비해 특유의 짭짤한 맛을 갖고 있어. 오래 숙성되면 갈색으로 변하면서 과육이 두꺼워지는데, 그 과육을 갈아 내는 도구가 스리랑카 거의 모든 가정집에 있다고 해.

맛도 맛이지만 내가 코코넛에 반한 가장 큰 이유는 코코넛의 '유용성'이야. 코코넛은 일단 물처럼 마실 수 있고, 과육을 말려 오래 보관해 먹을 수 있고, 오일이나 밀크로도 만들 수 있지. 심지어 껍질까지 수세미로 사용하거나 말려서 불을 지필 때 쓰거나 그릇, 화분으로 사용할 수도 있어.

신선한 코코넛 밀크는 냉장에서 3~4일 보관이 가능하고 냉동으로는 3~4개월까지 보관할 수 있다고 해. 소독한 유리병에 담아 두면 기름과 물이 분리되지만 잘 섞어서 먹으면 되거든. 코코넛 밀크는 따뜻한 커피에 더해 라떼로 마셔도 좋고,

홍차에 더해 밀크티로 마셔도 좋아. 조금 더 달달한 코코넛의 풍미를 느끼려면 코코넛 슈거를 더해서 마셔도 좋지. 또 코코넛 밀크는 쌀가루와 섞어 떡을 빚거나 밥을 안칠 때 사용할 수도 있어.

코코넛 밀크로 짜고 남은 플레이크를 요리에 쓸 수도 있는데, 내가 가장 좋아했던 음식은 스리랑카 대표 가정식 음식인 코코넛 삼발이야. 흡사 우리나라 김치처럼 매일 먹는 밑반찬 같은 음식이지. 삼발은 주로 양파, 채소 이파리, 당근 등 다양한 채소를 다져 넣고 레몬이나 라임을 넣어 상큼하게 무쳐 먹는 방식의 요리야. 마침 한국에서 가져간 미역과 고춧가루가 조금 남아 있던 터라 나는 한국식 삼발을 만들어 내놓았어.

친구들은 식탁이 다 차려지면 모두 자리에 앉아 잠시 서로 손을 맞대고 눈을 바라보는 시간을 가졌어. 식사를 준비해 준 사람에게 감사하고, 지금 이 순간 함께 식사를 할 수 있음에 감사하며, 그걸 가능하게 해 준 자연에 감사하는 기도 시간이야. 기도가 끝나면 손을 모아 "맛있게 먹자" 하고 외친 뒤 식사를 시작해.

이렇게 마음이 모아진 식탁에서는 함께한 사람들이 서로 연결되어 있음을 느끼며 기분 좋게 밥을 먹을 수 있어. 좋은 요리는 소박한 음식이라도 온 마음을 다해 준비하는 과정 속에서 나오고, 기분 좋은 식탁은 서로 즐거운 일이나 고민을 나누는 사람들 사이에 차려지는 것 같아.

코코넛 밀크

준비 재료(4인분)

무가당 건조 코코넛 슬라이스 .. 1팩(240g)

끓는 물 4컵

믹서기 ....

면 보자기 ....

✳ 밀크를 짜고 남은 코코넛은 또 다른 식재
료로 응용할 수 있다.

✳ 냉장 최대 4일, 냉동 최대 3개월 동안 보
관 가능하다.

✳ 보관하는 동안 코코넛 밀크와 물이 분리
되는데, 사용할 때 잘 흔들어 주면 된다.

조리법

❶ 코코넛 슬라이스를 뜨거운 물에 넣고 부
드러워지도록 10분 정도 그대로 둔다.

❷ ❶을 믹서기에 넣고 10초간 갈아 준다.

❸ ❷의 내용물을 물에 적신 면보에 붓
고 코코넛 밀크를 짠다.

❹ 뜨거운 물로 소독된 유리병에 코코넛
밀크를 담는다.

코코넛 삼발

코코넛 밀크를 짜고 남은 건더기.............
고추 1개
고춧가루 .... 4~5스푼
소금 2스푼
청귤/레몬 .... 1~3개
양파 큰 것 1개

기호에 맞는 향신료........................약간
(후추, 카다몸, 마살라가루, 고수, 민트 등)

＊ 코코넛 밀크를 만든 뒤의 건더기가 아니
어도, 건조된 코코넛을 물에 조금 불린
뒤 손으로 꼭 짜서 쓰면 된다.

조리법

❶ 고추는 다지고 양파는 잘게 썬다(양
파의 매운 맛을 줄이려면 물에 3분
이상 담가 둔다).

❷ 코코넛가루에 ❶을 넣고 버무린다.

❸ 레몬이나 청귤 즙을 적당량 넣는다.
기호에 따라 원하는 향신료를 더하면
좋다.

스 리 랑 카 콜 롬 보

SRI LANKA COLOMBO

굿 마 켓

환대하는
마음

✳

후퍼

야생의 땅, 환대의 장소

바닷가를 떠나 이번엔 고산 지대에 살고 있는 또 다른 친구, 안젤라의 집으로 이동했어. 버스를 몇 번이나 갈아타며 꼬불꼬불한 산길을 어느 정도 올라가니 갑자기 기온이 뚝 떨어지면서 비가 내리기 시작했어. 더워서 매일 저녁마다 바다에 나갈 수밖에 없었던 그 스리랑카가 맞나 싶을 정도로 기후가 다른 지역에 와 있는 것 같았지.

버스 창밖으로 얼핏 커다란 물체가 보였는데, 맙소사! 거짓말처럼 코끼리가 나무 옆에 가만히 앉아 있는 거야. 아랫마을에선 원숭이, 윗마을에선 코끼리를 마주하며 살아가는 야생 속 나라 스리랑카의 매력이란! 하지만 코끼리를 만난 놀라움도 잠시, 이러다 다른 나라로 가는 건 아닐까 걱정이 될 만큼 시간이 흘렀을 때 마침내 버스가 목적지에 도착했어.

억수같이 내리는 빗속에서 다행히 우산을 들고 마중 나온 친구가 보였어. 하지만 안젤라네까지는 비탈길로 또 한참을 더 올라야 했어. 장거리 버스 여행에다 비와 안개로 온몸이 흠뻑 젖으면서 지칠 대로 지친 그 순간, 친구의 부모님과 동생들이 모두 나와 맞아 주었어. 어서 옷을 말리라며 수건과 따뜻한 짜이를 내어 주셨지. 이곳 사정을 잘 몰라서 조심스러웠지만 따뜻한 목욕물까지 준비해 주셔서 차가운 비에 시달린 몸을 회복할 수 있었어.

스리랑카 말은 잘 몰랐지만 내가 표현할 수 있는 최대한의 감사 인사를 전한 뒤, 저녁 식사도 잊은 채 아침까지 푹 잠들어 버렸어. 다음 날 거짓말처럼 하늘은 맑았고 몸도 완전히 개운해졌어.

좋은 시장을 찾아서

어제 받은 따뜻한 환대를 어떻게든 보답하고 싶어서 안젤라와 함께 근처 시장으로 향했어. 나선 김에 스리랑카 농산물로 좋은 커피와 초콜릿을 만드는 곳도 있다고 해서 가 보기로 했지. 시장의 수많은 사람들과 알록달록한 가게들로 정신이 없었는데, 시장 입구 쪽에 자리 잡은 바나나 가게 아저씨가 너무나 바나나 같은 노란 재킷을 입고 계셔서 무언가에 홀린 듯 바나나를 구매하고 말았어.

실제로 지구상에 존재하는 바나나는 수백여 종인데, 우리에게 판매되는 건 단 몇 종류 밖에 되지 않는다고 해. 하지만 스리랑카 시장에서는 지금까지 살면서 봤던 모든 바나나를 합친 것보다 훨씬 많은 종류의 바나나를 만났어.

시장의 상품들은 미리 묶음으로 포장되어 있지도, 가격이 붙어 있지도 않았어. 물론 전자계산기 같은 것도 없었지. 저울이나 추를 사용해서 직접 무게를 달며 조금 더 올려 주는 그런 인심이 느껴지는 시장, 파는 사람과 사는 사람 사이에 자연스럽게 이야기가 오갈 수밖에 없는 그런 시장이었어.

시장은 소비를 통해서 물건들이 순환될 수 있는 구조라서 소비자와 생산자가 서로 인심을 쓰면 쓸수록 더 풍요로워진다고 생각해. 시장이야말로 아이들에게 돈이 어떻게 흘러가는지 그리고 돈을 어떻게 사용해야 하는지 알려 줄 수 있는 교육 장소일 거야.

초등학생 때 우리 부모님은 시장 끝머리 쪽에서 식재료 상회를 하셨어. 그때는 우리 가게에서 시장 입구 쪽까지 주변 상인 모두가 나의 삼촌이자 이모 들이었지. 그래서 그런지 시장의 활기찬 모습을 보면 그때의 즐거웠던 기억들이 떠오르면서 한참을 머물게 돼.

유학을 마치고 돌아온 뒤 귀농귀촌을 시도하려고 제주도 강정마을로 내려간 적이 있어. 친구들과 자연농으로 기른 작물을 마을 사람들과 어울리며 사고팔 수 있는 작은 시장을 열기도 했지. 생산자들이 서로 협력하는 기회를 만들고, 소비자에게 좋은 생산자를 소개시켜 주고 싶어서였어.

이런 나의 이야기를 듣고 안젤라는 요즘 스리랑카에서도 지역 재료로 생산자가 직접 가공하고 판매하는 시장이 주목받는 중이라고 했어. 굿 마켓Good Market이 그런 시장 가운데 하나인데, 매주 토요일 스리랑카 각지의 생산자들이 직접 생산물을 들고 나오는 장이 열린다고 해.

어머니의 정성

시장 근처 우리가 방문했던 상점도 바로 굿 마켓에 참여하는 생산자의 초콜릿 가게였어. 초콜릿을 좋아하는 친구의 어린 동생들도 따라나섰는데, 가게에 들어가기 전부터 얼굴 가득 '맛있겠다'는 표정이 무척 귀여웠지. 가는 길 내내 얼마나 싱글벙글했는지 몰라.

이곳은 한사 초콜릿이란 브랜드를 걸고 카카오와 커피빈을 농부에게 직접 구매해서 가공한다고 했어. 가게 입구에서부터 향긋한 커피향과 진한 초콜릿 향이 퍼지고 있어서 바로 '이곳이구나!' 하고 알 수 있었지. 아담하고 소박한 공간에서 서너 명이 원두 고르는 일과 카카오를 부드럽게 하는 작업을 하고 계셨어.

"맛 좀 볼래?"

초콜릿 작업을 하던 여성 분이 가장 최근 만든 초콜릿을 맛보여 주셨는데 씁쓸한 카카오와 재거리(비정제 설탕)가 씹히는 게, 기존에 알던 초콜릿의 단맛과는 다른 깔끔하고 담백한 뒷맛이 느껴졌어. 이런 초콜릿이라면 물리지 않고 계속 먹을 수 있겠다는 생각을 하면서 큰 초콜릿 하나를 뚝딱 먹어 버렸지 뭐야, 헤헤. 친구네 가족과 여행에서 지친 나를 위해 초콜릿과 커피를 넉넉히 구매해 집으로 돌아왔어.

그날 저녁 안젤라 어머님은 후퍼라는 음식을 해 주셨어. 스리랑카 어디서나 흔하게 볼 수 있는 음식인데, 이걸 만들기 위해서는 준비 시간이 좀 필요해. 재료는 쌀가루와 코코넛 밀크, 코코넛오일만 있으면 될 정도로 단순하지만 하룻밤 동안 쌀가루를 물에 적셔서 발효시켜야 하거든.

아주머니가 발효된 쌀가루에 코코넛 밀크를 넣고 팬에 구워주셨는데, 조그마한 원형 팬 모양대로 만들어지는 동그랗고 하얀 부침개 같은 후퍼가 아주 귀여웠어. 우리에게 먹일 생각에 지난밤부터 준비하신 어머니의 정성도 느껴졌지.

다 구워진 후퍼 위에 카레를 올리거나 삼발을 올려서 같이 먹었어. 또는 후퍼를 구울 때 중앙에 달걀을 올려서 그대로 익혀 먹는 모습도 나에겐 신세계였어. 너무 간단해 보이는 레시피지만 한국에 가서도 사람들과 꼭 나누고 싶었던 맛이야.

후퍼

준비 재료(3~4인분)

쌀가루...1컵
코코넛 밀크.................................1컵
물..................................4분의 1컵
소금 1티스푼
코코넛오일.................................약간

조리법

❶ 쌀가루에 물을 넣고 소금 1티스푼을
   풀어 하룻밤 혹은 4시간 이상 상온에
   서 발효시킨다.

❷ 발효가 되면 거품이 보글보글 올라와
있거나 살짝 시큼한 향이 난다. 코코
넛 밀크와 잘 섞어 부침개 반죽처럼
질퍽한 정도의 질감을 만들어 준다.

❸ 먼저 팬을 뜨겁게 달구고, 코코넛오일
을 머금은 키친 타월로 팬에 오일을
골고루 바른다.

❹ 한 국자 정도의 반죽을 팬 중앙에 넣
고 팬을 돌려가며 얇게 펼친다. 2~3
분 정도 약불에서 굽는다.

5 달걀을 넣고 싶으면 반죽을 두른 후 중앙에 달걀을 깨서 올린다.

6 구워진 후퍼 위에 월남쌈을 먹듯 생 채소를 채 썰어(혹은 볶아서) 올리거 나 과일을 올려 먹는다. 땅콩버터, 잼 등을 발라 먹어도 맛있다.

북 인 도   마 니 푸 르

NOTRTH INDIA MANIPUR

우 쿨   전 통 마 을

채식만이
정답은 아니니까

*

까사떼이

개발 말고 퍼머컬쳐

여기가 인도라고? 방글라데시와 미얀마 사이에 위치한 마니푸르에서는 보통의 인도와는 확연히 다른 에너지가 느껴졌어. 높은 산으로 둘러싸인 자연 환경 속에서 사는 사람들 대부분이 기독교 신자라 유독 십자가와 성경책이 많이 보였지.

그들의 말은 미얀마어처럼 들렸는데 겉모습은 한국 사람이나 몽골 사람처럼 보였어. 아니나 다를까 마니푸르의 많은 사람들이 내가 같은 지역 사람인줄 알고 현지어로 말을 걸더라고. 내가 한국에서 왔다고 하면 다들 웃으며 "하하, 너 정말 우리랑 비슷하게 생겼구나!" 그러는 거야.

그래서일까 마니푸르에서 가장 유행하는 건 다름 아닌 한국 드라마와 영화, 케이팝이었어. 식당에 가면 내내 한국 음악이 흘러나오니 도대체 내가 어디에 있는 건가 싶을 정도였어.

마니푸르 지역의 친구들과 인연이 닿은 건 2016년도 남동쪽에 있는 인도 생태마을에서 생태마을디자인교육을 받을 때야. 농업이 가장 주된 생활 양식인 마니푸르에서 5명의 친구들이 왔는데, 그들은 퍼머컬쳐를 지속가능한 방식의 농사법으로서 공부할 뿐만 아니라 자신들이 미래에 무엇을 하고 싶은지 알기 위한 도구로써 배우더라고.

그 친구들은 퍼머컬쳐를 통해 꿈꾸는 삶의 모습들을 조금 더 구체적으로 디자인하고, 세계에 대한 눈과 마음을 열기 위해 찾아왔다고 말했어. 한 달 정도 같이 지내면서 서로 닮은 외모 때문인지 먹는 식성이 비슷해서 그런지 아니면 그들의 야생적인 매력에 사로잡혀서 그랬는지 모르겠지만, 나는 마니푸르 친구들과 급속도로 마음을 열고 가까워졌어.

그렇게 마니푸르 친구들과 지내면서 언젠가 그들이 사는 곳에 꼭 한번 가리라 마음먹었어. 많은 사람들이 그렇겠지만 내 머릿속에도 아시아 전통마을이라고 하면 일종의 '오지'가 떠올랐는데, 실제로 그들이 어떻게 사는지 정말 궁금했거든.

4시간 동안 버스를 타고서 구비구비 여러 작은 마을들

을 지나며 산길을 올랐어. 드디어 제일 높은 구간에 오르니 봉우리들마다 마을이 보였어. 나중에 물어보니 각 마을은 약 30~40킬로미터 정도씩 떨어져 위치해 있고 저마다 사용하는 언어나 특산품도 다르다고 했어.

내가 갔던 '우쿨'은 가장 규모가 큰 마을 가운데 하나로 '마을 발전을 위한 자원활동 센터'가 있었어. 개발이라는 이름 아래 사라져 가는 마을의 지혜로운 생활 양식들을 이어 가기 위해서 퍼머컬쳐 교육을 진행하는 곳이었지.

그곳에서 펑칭이란 친구가 활동가로 일을 했어. 친구는 퍼머컬쳐 기법을 이용해 사람들이 스스로 꿈꾸는 마을의 모습을 그려 보고 문제점이나 개선 방향을 찾도록 도왔어. 마을의 주된 일거리인 농사뿐만 아니라 그릇, 옷과 같이 지역 특산품을 생산하는 일에도 적용하여 마을의 좋은 문화와 경제적 기반 등이 지속가능하도록 유도하려는 거였지.

이 지역은 마을마다 언어가 다를 정도로 고립되어 있고 또 그만큼 개성이 강해서 각 마을을 방문해 주민들과 친분을 쌓고 활동을 펼치는 일이 쉽지 않아 보였어. 그래서 실은 활동가들에게 너무 큰 헌신이 요구되는 게 아닌가 내심 걱정되기도 했어. 이런 나의 조심스런 의문에 친구는 이렇게 답했어.

"이대로 가면 우리는 결국 자연을 잃을 테고 마을 사람들도 영영 자립할 수 없을 거야. 누군가는 지금 당장 해야만 하는 일이라고 생각해."

친구의 당찬 목소리에서 밝은 빛이 느껴졌어.

사냥하는 사람들

함께 인도에서 지낼 때 펑칭과 나는 매일이 요리, 요리 그리고 요리였어. 친구가 닭을 어떻게 잡는지 껍질을 어떻게 벗기는지 어떤 요리를 하는지 옆에서 듣는 것만으로도 즐거웠지만, 제일 신기했던 건 아주 매운 고추를 매끼마다 먹는 모습이었어. 매일 먹으면 익숙해지려나 하는 호기심에 나도 항상 옆에 앉아서 매운 고추를 손톱만큼 밥에 올려 먹곤 했지만 역시 적응이 되지 않더라고.

친구는 당시 매운 음식을 잘 먹지 못하는 나를 계속 신경 써 줬고 이번에 내가 마니푸르에 간다고 했을 때도 식단을 걱정했어. 인도는 힌두교를 비롯해 종교적인 이유로 살생을 금지해서 기본적으로 채식이 주를 이루기 때문에 나 같은 채식주의자들에겐 천국과 같은 곳이었어. 하지만 종교도 다르고 삶의 환경도 다른 마니푸르는 육식과 민물고기를 주식으로 먹는 곳이었어.

마니푸르에서는 보통 하루에 두 끼를 먹어. 오전 11시쯤 아침 겸 점심으로 첫 끼를 먹고 오후 7시나 8시쯤 저녁을 먹지. 집마다 닭과 염소 등의 가축을 기르고 마을 사람들이 다 같이 사냥을 해서 잡아온 큰 동물의 머리뼈를 마을의 상징처럼 장식으로 걸어 놓곤 했어. 공동체를 위해 여럿이 함께 정글로 들어가 사냥해 오는 노력을 잊지 않으려는 모습이었지.

마을 입구에 동물 장식이 많다는 건 그 마을 사람들의 협동심이 뛰어나고 먹을 것이 풍족하다는 상징이었어. 우리처럼 손쉽게 마트에서 몇 그램의 고기를 산다거나 손질 포장된 생선을 사는 것이 아닌, 그들이 오랫동안 살아왔던 삶의 방식을 그대로 지켜보려고 노력했어. 동물 머리뼈는 조금 무서웠지만 말야.

사냥한 동물의 고기를 발라 먹고 남은 뼈까지 남기지 않고 국을 끓여 다 같이 나눠 먹는 자급자족의 공동체 문화, 사냥하고 남은 고기는 가축에게 나누며 기르는 곳이 마니푸르 고산지대 마을이었어. 퍼머컬쳐에서 중요하게 생각하는 건 이러한 그들의 문화 역시 지속되고 순환하는 거야.

육식을 즐기지 않지만 마니푸르까지 왔으니 새로운 음식들을 그냥 지나칠 수는 없었어. 처음 만나는 민물생선카레, 고기국수 등을 조금씩 맛보면서 기존의 카레 향신료보다 더욱 강한 풀 향신료 내음을 제대로 느꼈어. 예전에 미얀마에서 먹었던 음식들처럼 생 허브를 넣고 발효시킨 음식이 많았어. 고기와 함께 대두로 만든 장과 고추로 만든 짜고 매운 장을 곁들여 먹는 방식이 한국의 음식 문화와도 비슷하다고 느꼈어.

개인적으로 나 역시 양념장이나 발효 음식들을 좋아해. 오랫동안 보관할 수 있다는 점부터 이미 매력적이지만 시간이 흐르면 흐를수록 맛이 더욱 깊어진다는 것이 신기하고 그에 따라 요리법이 달라지는 것도 재미있지. 좋은 된장 하나만 있어도 여러 음식을 만들 수 있다는 든든한 자신감이 생기거든.

특히 양념장이 재료와 만나면서 마법처럼 새로운 맛의 궁합을 펼쳐진다는 점이 매력적이야. 김치의 경우 소금에 절이기만 해도 만들 수 있지만, 어떤 양념을 얼마만큼 넣느냐에 따라서 여러 종류의 김치가 탄생하잖아. 장이나 발효 음식은 질긴 섬유질을 잘 씹을 수 있도록 해 주어 소화를 촉진하는 힘이 있어. 그만큼 중요한 재료라 양념장을 만들 때는 다른 음식을 할 때보다 신중하고 세심하게 과정을 살피게 돼.

마니푸르에도 '까사떼이kasathei'라는 일종의 고추장이 있어. 마니푸르의 고추는 기네스북에 올라 있을 정도로 아주 매운 맛이 특징이야. 또 한국 고추장과 다르게 여기서는 고추를 직화로 살짝 굽고 양파, 소금, 코리안더 등의 재료와 버무려서 만들어. 진짜 진짜 맵지만 밥도둑처럼 입맛을 자극한달까. 몹시 매운데도 모든 사람들이 이 맛에 매료되어 "너무 매워" 하면서 한 입, 후후 입김을 불면서 한 입, 땀을 뻘뻘 흘리면서도 한 입 하며 계속 먹더라고. 이곳 사람들이 까사떼이를 얼마나 좋아하냐면 간식으로 채소를 썰어 먹을 때나 심지어 완전히 익지 않은 과일 하고도 함께 먹을 정도야.

채소를 양념장에 찍어 먹는 건 한국에서도 오이나 상추 같은 잎채소를 먹던 경험으로 익숙하게 따라했지만, 과일의 경우엔 좀 낯설었어. 천도복숭아나 수박을 고추장과 함께 먹는 느낌이랄까. 이쯤 되니 마치 까사떼이를 먹기 위해 과일을 먹는 것 같기 뭐야. 조금 낯설면서도 재미있는 경험이라 한국에 가서도 지금까지와는 다른 방식으로 양념장을 활용해야겠다고 생각했지. 지금까지 몰랐던 맛의 세계에 눈 뜬 순간이었어.

까사떼이

준비 재료

청양 고추.. 4~5개
양파 4분의 1개
향신료(후추/코리안더) .... 약간
마늘 .... 1~2쪽
소금 .... 약간
고추장 혹은 된장(생략 가능)............ 약간

✻ 코리안더는 생 고수를 다져서 대체해도 좋다.

✻ 마니푸르에선 바나나꽃, 생선, 말린 고기를 잘게 다져서 넣기도 한다.

✻ 매운맛 주의! 고추를 고를 때 기호에 맞게 매운맛 정도를 조절하자.

✻ 많이 짜고 매울수록 마니푸르 스타일이다.

✻ 맨 손으로 매운 고추를 다지면 손이 화끈거릴 수 있기 때문에 장갑을 낀다.

✻ 올리브유와 까사떼이를 살짝 섞어 식사용 빵에 찍어 먹어도 좋다.

✻ 장기 보관이 가능하므로 다른 요리를 할 때 양념으로 활용할 수 있다.

조리법

❶ 고추를 약한 가스 불에 살짝살짝 돌려가며 굽는다.

❷ 양파와 마늘을 잘게 다진다.

❸ 구운 고추와 ❷번의 재료를 방망이로 살살 섞으면서 빻아 주면(방망이가 없으면 칼로 다져 준다) 매운 기운이 더 잘 퍼진다.

❹ ❸을 섞으면서 기호에 맞게 준비된 소금, 향신료를 넣고 간이 부족하면 고추장/된장/어간장 등으로 풍미를 더한다.

북 인 도 마 니 푸 르

NOTRTH INDIA MANIPUR

소 금 산

생명이 오는
소금

✳

달 커리 스프

아침을 여는 음식

마니푸르에서는 항상 장시간 이동을 해야 해서 이른 아침 6시부터 일과를 시작했어. 중간에 허기가 져서 마을 중심 사거리에 위치한 티 호텔Tea Hotel이라는 곳에 가 보았지. 찻집을 '티 호텔'이라고 부르다니 재미있지 뭐야.

이미 이곳에는 하루를 일찍 시작한 사람들이 모여 있었어. 테이블 가득 사람들이 앉아서 차와 카레, 빵 등을 먹고 있었지. 이렇게 많은 사람들의 아침을 책임지는 부엌이 궁금해서 슬쩍 들여다보았는데 의외로 소박한 아궁이 하나만 있었어. 그 아궁이 위에서 밀크티와 불에 바로 굽는 따뜻한 짜파띠(집에서 빻은 통밀가루를 물로만 반죽해서 납작하게 팬에 구워 주로 카레를 찍어 먹는데, 기름과 이스트가 들어가는 '난'보다 만들기 쉬운 빵이야)를 만들더라고. 쌀쌀한 새벽 날씨를 든든하게 이겨낼 수 있는 에너지가 바로 그곳에서 시작되고 있었지.

어릴 적 엄마와 할머니가 새벽 일찍 일어나 밥을 안치고 국을 끓여서 밥상을 차려 주시던 모습이 겹쳐지면서 눈앞의 짜파띠 한 장이 신성하게 느껴졌어. 두 분은 분명 내일 아침으로 무엇을 할지 전날 밤부터 고민하고 준비하셨을 거야. 간단한 콩밥을 하려고 해도 콩을 물에 충분히 불려 놓아야 콩이 고르게 익는다는 걸 알고 계셨으니까.

짜파티도 미리 밀을 물에 불리고 빻아서 반죽을 해 놓아야 발효가 충분히 되어서 이스트를 넣지 않아도 자연스레 부풀어 오르고 맛의 풍미도 좋아져. 음식점에서 주문만 하면 바로 나오는 것처럼 보이지만, 사실 그 음식 안에는 보이지 않는 시간과 많은 손길이 녹아 있어.

우리는 존재하지만 눈에 보이지 않는 일에 대해선 잘 이야기하지 않고, 그렇기 때문에 더 알지 못하기도 하지. 정말 중요한 일들도 그 일을 실제로 경험했거나 주의 깊게 들여다본 사람만이 알 수 있는 것 같아. '보이지 않는 일'은 '힘든 노동'을 뜻할 때가 많지만, 그 속에는 '지혜'가 깃들어 있기도 해. 보이지 않는 일을 외면하거나 감추기보다 온전한 눈으로 바라보고 드러낸다면 많은 사람들이 서로를 존중할 수 있지 않을까.

누군가의 땀이 소금으로 온다

이른 아침부터 나선 이유는 소금을 만드는 마을로 가기 위해서야. 일본 유학 시절에는 '정제된 소금을 먹으면 안 돼'라는 생각으로 소금 자체를 보이콧 했어. 일본은 한국 음식에 비해 달고 짠맛이 더 강한 편인데, 소금기가 있는 음식은 먹을수록 그 맛에 중독되어 더 많은 양의 소금을 섭취하게 된다는 말을 듣고서 걱정이 되었거든.

일본이 아니어도 밖에서 사 먹는 음식들은 대부분 짜거나 달거나 기름진 것 가운데 하나잖아. 그런데다가 음식에 사용하는 소금이 과연 좋은 소금일까 하는 생각이 들었어. 슈퍼마켓에서 판매하는 소금은 모두 대기업에서 생산하는 것들이지만, 소금의 질감이나 첨가하는 향 정도만 다를 뿐 안심이 되지 않았거든.

그래서 한동안 요리에 소금 대신 장을 사용했었지. 하지만 장은 풍미가 강해서 재료 본연의 맛을 온전히 느껴야 하는 경우에는 사용하기 어려웠어. 결국 소금에 대해서 더 알아보다가 직접 염전을 하는 농부님을 만나고부터 좋은 소금을 구할 수 있었어. 조금씩 소금의 맛과 중요성에 대해 눈을 뜨면서 맛있는 소금을 찾는 일까지 즐기게 되었어.

모든 재료 안에는 이미 약간의 염분이 있지만 어떤 채소나 육류를 요리할 때는 소금이 음식 맛을 크게 좌우하기도 하지. 어떤 소금을 어떻게 넣느냐가 음식의 풍미를 더하거나 질감을 바꿔 주기도 하니까 말야. 대표적으로 김치는 배추를 소금에 절이는 단계에서 이미 그 맛이 판가름 난다고도 할 수 있어. 정말 소금은 마법의 가루인 것 같아. 또 어떤 요리를 하느냐에 따라서 그때그때 어울리는 소금이 다를 정도로 소금의 종류는 무궁무진했어. 심지어 지역마다 소금을 만드는 방식까지 달랐지.

마니푸르 지역의 높은 산에서 소금을 얻는다는 말에 그 현장을 꼭 가 보고 싶었어. 이른 아침부터 2~3시간 차를 달려 마을에 도착하니 우리를 기다리던 한 청년이 반갑게 맞이해 주었어. 한창 소금 작업을 하는 중이라며 함께 가 보자고 했지.

마을 뒤편의 계단식 논을 올라 언덕을 내려가고 또 논을 올라가니 연기가 모락모락 나는 곳에서 한 젊은 부부와 어머니가 아궁이 양쪽에서 기다란 막대기로 불을 때는 중이었어. 불기가 센 다른 아궁이 네 곳에도 가마솥이 올려져 있었고 여기에 염분이 있는 샘물을 수시로 옮기더라고.

한쪽에는 미리 만든 소금을 햇볕에 말리는 중이었어. 벌써 며칠째 밤을 새워 돌아가면서 불씨를 지키고 소금을 만들었다고 해. 이렇게 소금을 얻기까지 오랜 시간과 정성이 필요하기 때문에 마을 사람들은 6개월에서 1년가량 먹을 소금을 한 번에 만든다고 했어.

마을에 사는 모든 가정이 돌아가면서 도구를 사용해야 하기 때문에 각 가정마다 정해진 시간을 지켜야만 했어. 다음 가정이 오기 전까지 일을 끝내야 하니 쪽잠을 자며 쉴 틈 없이 만든다고 해. 자세히 보니 나뭇가지로 벽과 지붕을 만든 나무 쉘터(의자와 탁자를 놓을 수 있는 간단한 그늘막이야)에서 휴식과 식사를 해결하며 내내 아궁이 곁을 떠나지 않았어.

오전 11시 정도가 되니까 이제 밥을 먹자는 눈빛을 주고받더니 조그마한 나무 쉘터로 들어가 집에서 가져온 밥과 반찬을 꺼냈어. 상당한 양의 쌀밥과 카레, 매운 까사떼이 등이 빠지지 않고 도시락 통에 들어 있었지.

불을 조절하고 장작을 나르고 물을 퍼 나르며 말린 소금.

바다와 거리가 먼 고산지대에서는 소금이 귀할 수밖에 없지만, 이곳의 샘물로 장시간에 걸쳐 손으로 만든 소금이기에 더 특별할 수밖에 없었어. 이렇게 산에서 만든 소금에는 바다 소금이나 정제된 소금에서 느낄 수 없는 고소한 맛이 있어.

소금은 항생제 역할도 한다는 말을 들은 적이 있는데, 실제로 이 마을에서는 소금을 약이라 생각해서 소금물로 자주 입을 헹구거나 마시고, 또 피부가 아프면 몸에 바르기도 해. 일부러 이 마을까지 와서 소금을 사가는 타 지역 사람도 적지 않다고 했지. 산속에서 귀한 소금을 만드는 이곳 사람들에게 소금은 생명의 다른 말이 아닐까 싶었어.

마침 내게도 한국에서 챙겨온 죽염이 있어서 꺼내 놓았어. 한국에서도 대나무로 구운 소금을 귀하게 여기고 약처럼 사용한다는 말에 다들 큰 관심을 보이며 조금씩 맛을 보았어.

"한국의 소금은 구운 달걀 맛이 나는구나. 세영, 다음번엔 꼭 우리랑 오래 머물면서 같이 소금을 만들어 보자."

할머니의 레시피

몇 시간이 흐른 뒤, 다음 가정의 할머니가 본인이 쓸 장작을 메고 올라오셨어. 그 모습을 보며 밤새 한 자리에서 작업하시던 할머니가 주섬주섬 자리를 정돈하며 나에게 봉지 한가득 소금을 안겨 주셨어.

"집에 가져가서 먹어."

"이렇게나 많이요? 다 못 먹어요."

손사래를 치며 말했지만 소용없었어.

"이 정도의 소금은 있어야 제대로 음식을 해 먹지."

더 담아 주시려는 걸 겨우 사양하고 마음 깊이 감사 인사를 드렸어. 할머니가 주신 귀한 소금은 두고두고 친구들과 나누거나 순례길에서 캠핑을 할 때 요긴하게 사용했어.

"갈 길이 먼 데 밥은 먹고 가야지."

손님이 오면 꼭 따뜻한 음식을 대접하고 싶어 하는 마니푸르 사람답게, 무거운 소금을 짊어지고 돌아온 나를 보자마자 친구네 할머니는 바로 부엌으로 가서서 불을 피우고 뚝딱뚝딱 냄비를 꺼내 밥을 안친 뒤 카레를 끓여 주셨어. 금세 녹두와 마살라, 후추와 소금이 듬뿍 들어간 진한 녹색의 칼칼한 카레가 나왔지.

"차린 건 없지만 맛있게 먹어."

마치 비구름의 무거움을 씻어 내듯 하루 노동의 피로를 풀어 주는 보약 같은 카레를 먹으며 할머니의 사랑을 느낄 수 있었어. 누군가를 위해 요리를 한다는 건 먹는 이들의 입맛을 맞추거나 다른 이들에게 자랑할 수 있도록 화려하게 꾸미는 것이 아니라, 할머니처럼 소박한 일상을 즐기는 사람들이 자기가 가진 재료로 정성을 내어 주는 마음에서 시작되는 것 같아.

달 커리 스프

렌틸콩(병아리콩)...........................1.5컵
양파 1개
말린 고추.....................................2~3개
마늘 2쪽
현미유 혹은 올리브유 ....
토마토...1개
마살라가루.............................2~3스푼
생강 슬라이스 1조각
월계수잎 2장

소금 1스푼
물...4컵
(스프 양이나 기호에 맞게 조절)

✳ 렌틸콩은 껍질이 있으면 갈색, 벗기면 주
   황색이다. 껍질을 벗기면 더 얇아지기 때
   문에 형태가 뭉개지기 쉽다.

✳ 카레는 오래 끓이면 끓일수록 맛이 진해
   진다.

조리법

❶ 껍질이 있는 렌틸콩을 차가운 물에
   30분 이상 불려 놓는다. 전날 밤 불
   려 놓으면 더욱 좋다.

❷ 양파와 마늘, 말린 고추를 잘게다진다.

❸ 양파가 촉촉하게 적셔질 만큼의 기름을 넣고 냄비가 달궈지면 ❷의 재료를 넣는다.

❹ 양파의 색이 투명해지기 시작하면 마살라가루를 넣고 전체적으로 노란 색이 될 때까지 볶는다.

5 가루가 들어가면 금방 타기 때문에
신속하게 토마토를 넣어 열을 가하다
가 물을 넣는다.

6 월계수잎과 얇게 채 썬 생강을 넣고
30~40분 정도 푹 끓인다.

7 소금 간을 할 때 '이 카레는 약이다'
하는 마음을 담아 넣어 보자. 먹어 보
며 조금씩 소금을 더하고 짜면 물을
좀 더 넣는다.

8 기호에 맞게 고수, 후추를 갈아 더할
수 있다.

지구를 위한 부엌

포 르 투 갈

PORTUGAL

타 메 라 생 태 마 을

한 사람의 성장이
세상을 바꾼다

*

퀴노아 비트 샐러드

평화의 공동체

여행을 떠난 지 4개월, 아시아의 많은 친구들과 부엌을 둘러보고 이제 유럽으로 향했어. 동남아시아의 따뜻하고 촉촉한 기분도 좋았지만 건조하고 선선한 유럽 날씨가 그리웠나 봐. 저렴한 비행 편을 찾느라 26시간이나 걸리는 티켓을 구매하고는 장시간 비행에 대한 두려움이 컸지만 유럽으로 가는 길이 무척이나 설레었어.

나에게 포르투갈은 모험, 바다, 와인 그리고 타메라Tamera 생태마을이 떠오르는 곳이야. 빨리 가 보고 싶은 마음에 리스본에 도착하자마자 바로 타메라로 이동했지. 예상보다 차가운 4월 말 포르투갈의 바람에 몸이 움츠러들었지만, 기차가 도시에서 멀어짐에 따라 평온한 풍경으로 바뀌면서 타메라로 향하는 나의 마음을 찬찬히 들여다볼 수 있었어.

타메라는 '사랑과 평화'를 위해 지구를 치유하고 복원하는 연구와 실험 들을 20여 년간 해왔다고 들었어. 나는 오래전부터 평화라는 말이 어떤 의미인지 탐구하는 과정에서 먹거리를 비롯한 생명 다양성과 지속가능한 삶에 대해 관심을 갖고 있었기 때문에 그들의 삶이 누구보다 궁금했어.

실은 평화나 사랑이라는 단어를 직접적으로 사용하는 생태마을이나 공동체가 별로 많지 않아서 더욱 관심이 갔는지도 몰라. 타메라를 경험하고 돌아온 친구들을 통해 들었을 때, 이 공동체는 인류의 평화가 곧 사랑이라고 생각하는 듯했어.

비폭력 문화를 기반으로 자연과 인간이 신뢰와 협력을 통해 지속가능한 삶의 모델을 만든다는 말도 제대로 이해해 보고 싶었지. 타메라에는 이상적인 사회 모델을 연구하고 시도해 보는 '평화연구소'가 있어. 이곳에서 세계 각국의 사회과학자, 평화연구자, 예술가 등이 기존 사회에서 폭력을 동반하는 시스템을 분석하고 새로운 모델들을 만들어 나가는 거야.

타메라에서는 현재 세계에서 폭력이 일어나는 가장 근본적인 원인을 인간관계에서 생겨나는 시기, 질투, 욕망, 서로의 다름은 인정하지 않는 차별, 불평등이라고 생각해. 그래서 사랑이라는 주제로 자신과의 사랑, 타인과의 사랑(친구, 가족, 이성과의 사랑을 모두 포함해)의 경험을 서로 나누는 일에 집중하지.

특히 힘든 갈등을 겪었거나 트라우마로 고통받는 사람에게는 공동체의 치유 프로그램을 권해. 마하트마 간디의 말 중에 내가 제일 좋아하는 말이 있는데, "한 사람이 (영적으로) 성장하면 온 세계가 성장한다"라는 말이야. 타메라에서도 구성원이나 방문객 들이 자신의 트라우마를 꺼내고 치유하려는 용기를 발휘하도록 돕는 것이, 바로 온 지구의 존재들을 대변하는 일이라고 이해하는 듯했어.

여럿이 함께 음식을 먹으려면

나는 무엇보다 첫 식사 시간이 어떤 모습일지 무척 궁금했어. 어떤 메뉴가 나올지, 어떤 맛일지 잔뜩 기대에 부풀었지. 부엌에서 음식을 실어 나르는 수레가 나오고, 테이블 위에 모든 음식이 준비되고 나서야 식사 시작을 알리는 종이 울렸어.

"땡땡땡."

사람들은 담소를 나누던 목소리를 줄이며 종소리가 울리

는 곳에 집중했어.

"오늘은 많은 방문객들이 함께해 주셨어요. 환영해요. 타메라에서는 건강한 음식이 건강한 삶의 구조를 만드는 데 중요한 역할을 한다고 생각해요. 또 부엌은 음식이 생산되고 가공되는 방식에 직접적인 영향을 준다고 믿어요. 그래서 저희는 텃밭과 주변 지역의 농부들이 생산해 준 제철 재료로 비건 요리를 만들어요. 이것은 현대 사회의 착취 체제를 협력 체제로 전환시켜야 한다는 우리의 결정을 표현하는 것이기도 해요. 점심 메뉴는 비트 샐러드와 퀴노아, 야채 스프, 빵과 후무스(삶은 콩, 올리브유, 파프리카가루, 후추, 소금 등을 함께 갈아서 빵에 찍어 먹는 페이스트소스로 주로 중동 지역에서 많이 먹는 소스야)예요. 저와 지금 서 있는 분들이 함께 준비했어요. 마지막으로 식사 정리를 함께할 5명이 필요하니 자원하고 싶은 분들은 식사 후에 저희에게 와 주세요. 그럼 즐거운 시간되세요."

감동으로 쿵쾅쿵쾅 뛰는 가슴을 느끼며 나도 모르게 두 손을 가슴 앞으로 가져가 눈앞의 식탁을 준비해 준 모든 존재에게 감사의 마음을 전했어. 타메라에서는 줄을 서서 차례로 식판에 음식을 덜어 먹었는데, 샐러드와 빵 종류는 큰 볼에 한꺼번에 담아 주변 사람과 같이 먹는 방식이었어. 자연스럽게 옆 사람이나 맞은편 사람과 대화를 나누고, 서로를 배려하며 식사를 하게 되었지.

올리브유의 윤기가 흐르는 붉은 비트를 포크로 찍어 크게 한입 넣고는 '우와!' 그리고 빵을 한입 베어 물고는 '오!' 하는 소리가 절로 나오며 입가에 웃음이 번졌어. 옆에 있던 친구도 "비건 요리는 항상 무언가 부족하다고 느꼈는데, 여기 음식은 그 편견을 깨게 만드는 것 같아"라고 얘기할 정도였지.

식탁 위의 사랑과 평화

"빵이 너무 고소해. 타메라에서 직접 굽는 거야?"

"여기서 구울 때도 있지만 오늘처럼 사람이 많거나 행사가 있을 땐 이웃 마을에서 빵을 사오기도 해. 알다시피 처음에 이곳은 거의 사막이었어. 지금 눈앞에 보이는 건 타메라에서 세 번째로 만든 호수인데 저 물 덕분에 우리가 살 수 있는 거지. 우리가 사막화된 땅을 살려 내고 이것저것 시도하는 모습을 보면서 지금은 몇 킬로미터 안에 새로운 마을들이 많이 생겼어. 그들과 서로 오가며 교류하고 있지. 기후변화로 올해는 평소보다 꽤 많은 비가 내렸지만 그래도 날이 많이 풀려 푸른 나무와 꽃도 피었으니 딱 좋은 시기에 왔어. 여긴 어떻게 알고 찾아온 거야?"

내 옆에 앉은, 타메라에서 5년 정도 생활했다는 포르투갈 남성이 친절하게 대답하며 말을 건넸어.

"아시아와 유럽의 생태마을과 공동체를 여행하는 중이야. 벌써 4개월이 넘었는데, 타메라에서 얘기하는 사랑과 평화라는 키워드가 마음에 와닿아 오게 되었어. 그런데 도착하자마자 이 음식을 준비하신 이야기가 마음을 울렸어."

"그렇구나. 보통 이곳에는 사람들 간의 관계나 세계의 갈등이 주는 아픔을 치유하기 위해 많이 오더라고. 그런데 음식 이야기를 하는 거 보니 요리를 좋아하나 봐?"

"응, 어릴 때부터 부엌에 있는 걸 좋아했어. 대학에 가서는 '평화란 무엇인가'에 대해서 연구했는데, 그때 내 결론은 항상 '사랑하고 열린 마음의 상태'가 평화라는 거였어. 또 언제 내가 그렇게 느끼는지 곰곰이 들여다봤더니, 나는 요리하고 나누어 먹는 일을 할 때 사랑하고 열린 마음이 되더라고. 그럴 때 평화가 온다고 느끼는 거지. 요리를 할 때 나는 마치 명상을 하는 것처럼 편안하고 주변의 존재들이 사랑스럽게 보여. 내가 가장 즐겁고 쉽게 할 수 있는 일이 요리이기도 하고 말야!"

"와아~ 흥미롭네. 사실 너처럼 얘기하는 사람은 처음 봐. 타메라에서는 대부분 사랑의 상처를 치유하거나 비폭력적인 문화를 연구하는 사람, 자연이나 동물을 치유하기 위해 노력하는 사람들이 대부분인데, 평화와 사랑을 음식과 연결시키다니!"

"진짜? 나는 요리란 음식을 만드는 그 자체만이 아니라 식탁에서 벌어지는 모든 것이라고 생각하거든. 그래서 정성스럽고 맛있는 음식을 공동체 사람들 모두가 나누는 이런 시간이 정말 중요한 거 같아. 행복한 식탁 안에서 아이디어와 말들이 오가다 보면, 또 어떤 무궁무진한 일들이 펼쳐질지 모르니까. 그래서 모든 식사 시간이 그 자체로 의미가 있었으면 해. 아까 '식사를 알리는 말'을 듣고 이렇게 너와 대화하는 것만으로도 나는 타메라의 사랑과 평화를 충분히 느낄 수 있는 것 같아."

퀴노아 비트 샐러드

준비 재료(3~4인분)

올리브유 ....
퀴노아 3컵
비트 1개
잎채소 .... 한 줌
(상추, 깻잎, 케일, 겨자채, 양상추 등)
당근 .... 반 개
오이 .... 반 개   소금 .... 약간
애호박 .... 반 개   후추 .... 약간
브로콜리 .... 3분의 1개   레몬즙(식초로도 가능) ....

※ 샐러드는 재료를 자유롭게 선택하고 크   ※ 양파, 마늘, 생강과 좋아하는 향신료 등
기도 마음대로 바꾸는 즐거움이 있다.   을 추가해도 좋다.

조리법

❶ 소금을 살짝 넣은 물에 퀴노아를 넣
고 15분 정도 끓인다. 색이 투명해지
면 불을 끄고 5분 정도 뚜껑을 닫은
채로 뜸을 들인다. 물을 버리고 찬물
로 헹궈 식힌다.

❷ 식히는 동안 준비한 채소를 씻고 물기를 제거한 뒤 먹기 좋은 크기로 뜯는다.

❸ 당근과 브로콜리를 적당한 크기로 자른 뒤 소금을 넣고 끓인 물에 살짝 데친다.

❹ 비트는 필러로 껍질을 벗긴다. 비트, 오이, 애호박을 작은 사이즈로 먹기 좋게 썬다.

❺ 볼에 준비한 모든 재료를 넣고 소금과 후추, 레몬즙(혹은 식초)으로 간을 한 뒤 올리브유를 적당량 뿌려서 버무린다.

❻ 그릇에 옮겨 식용이 가능한 허브나 꽃으로 장식한다.

포 르 투 갈 — 스 페 인

PORTUGAL   SPAIN

순 례 길

여행지에서 음식을
만드는 이유

✳

또르띠아

절벽 위를 걷다

타메라에서 기차를 타고 사그레스로 내려왔어. 타메라에서 흥미로운 길을 소개받았거든. 포르투갈 사람들이 세상의 끝이라고 믿어 의심치 않았던 절벽의 가장자리에서 시작하는 길이야. 차갑고 깊은 대서양과 매서운 바람이 끊이지 않는 절벽 위에 서서 영원히 계속될 것만 같은 수평선을 보고 싶었지.

호기심과 꿈, 생계를 위해 탐험에 나섰던 수많은 사람들이 걸었던 절벽을 따라 포르투갈 남부의 알가르베 지역을 거슬러 올라가려고 계획했어. 긴 절벽을 따라가다 보면 절벽과 절벽 사이에 해변과 마을이 나오는데 그곳에서 캠핑을 하기로 했지. 캠핑 준비를 하다 보니 문득 떠오르는 일이 있었어.

오래전 한 친구가 나에게 물었어.

"만약 아주 깊은 숲에 세영이 덩그러니 놓여지고, 그런 상황에서 살아남기 위해 딱 하나의 물건을 골라야 한다면 무엇을 고를 거야?"

나는 한참 생각하다가 "냄비"라고 대답했어.

"냄비 같은 게 있어야 물도 끓여 마시고 먹을 것도 담을 수 있잖아. 나는 튼튼한 냄비를 챙기겠어."

시간이 흐른 뒤 그렇게 나는 냄비만이 아니라 캠핑에 필요한 많은 짐을 짊어지고 세상의 끝에서 걷기 시작했지. 한동안은 도로변을 걷는가 싶었는데 점점 초원이 나오고 모래가 밟히기 시작했어. 모랫길을 걸을 때는 포장된 도로보다 걸음이 느려졌지만 발과 무릎은 더 편안해졌어. 사그락사그락 들려오는 모래 소리와 함께 리듬을 타며 먼 길을 걸었지.

걷다가 내리막이 시작되면 또 하나의 절벽 끝에 왔구나 짐작할 수 있었어. 이제 다음 절벽을 올라갈 차례야. 파도가 덮칠 것만 같은 아슬아슬한 곳도 있었고 어여쁜 식물들이 자라는 곳이나 모래사장이 넓게 펼쳐진 곳도 있었어. 길은 멀고 때로 험했지만 내 속도대로 걸어 보았어.

해안을 따라 매일 20킬로미터 정도씩 걷다 보니 캠핑카를 끌고 서핑을 즐기러 오는 사람들을 자주 볼 수 있었어. 무거운 가방에 짓눌린 어깨와 발목이 너무 아파 가방을 내려놓고 쉬기도 했어. 그럴 때면 차에 탄 사람들이 지나가며 응원을 해 줬어.

다행히 4월 무렵 유럽의 해는 밤 9시가 다 되어서야 떨어지기 때문에 천천히 쉬면서 걸을 수 있었지만, 사실 캠핑은 몰래 해야 되기 때문에 해가 떠 있는 시간엔 텐트를 치거나 밥을 하기가 어려웠어. 아침과 저녁만은 해 먹어야지 다짐했었는데 해지는 시간을 기다리다 보니 밤 시간이 되어서야 꼬르륵거리는 배를 움켜쥐고 해변에 도착할 때가 많았어. 아까 응원하던 사람들이 잘 도착했다며 웃는 얼굴로 다가와 인사해 주면 어찌나 정겹던지.

"가방이 무거워 보이는데 얼마나 걷는 거야?"

"산티아고로 가는 길인데, 여기서는 7일 동안 걸을 수 있는 만큼 걸으려고 해. 최근 포르투갈에 자연 산불이 많이 생겨서 걱정이 됐지만 바닷가라면 괜찮지 않을까 해서 온 거야. 오늘 여기서 자려는데, 괜찮겠지?"

"으음 글쎄, 성수기 때는 경찰이 단속하지만 아직은 괜찮을 것 같은데? 행운을 빌게!"

"고마워."

밤에는 바닷바람이 세서 텐트를 치는 일이 쉽지 않았어. 바람을 따라오는 고운 모래들이 음식에 들어가지 않도록 신경을 써야 했지. 무엇보다 불을 최대한 사용하지 않아야 안전하게 캠핑을 할 수 있었어. 그래서 주로 또르띠아(얇은 밀가루 전에 야채와 치즈를 넣고 싸 먹는 음식이야)를 만들어 먹었지.

현지에서 식재료 구하기

순례길을 걸으며 방문했던 곳은 대부분 아담한 마을이었지만 가는 곳마다 시장이 열려 있었어. 그곳에서 알가르베 지역의 빵(돼지고기가 들어 있는 게 특징이야)과 와인을 볼 수 있었어. 상인들은 주로 농산물과 직접 담근 올리브, 페스토, 포르투갈의 명물인 호박잼 등을 들고 나왔어.

한번은 시장 제일 구석에서 어떤 여성분이 유기농 식자재를 판매하는 걸 봤는데, 플라스틱을 사용하지 않고 곡식이나 야채 등을 손님들이 집에서 가져온 용기에 넣거나 준비한 종이봉투에 담아 주더라고. 나도 걷는 도중에 간식으로 먹을 짭짤하게 절인 올리브를 비롯해서 현미쌀과 오래 들고 다녀도 괜찮은 마늘, 양파, 올리브유를 구매했어.

가뜩이나 무겁던 가방 무게가 더 늘어났지만 하나하나 요리를 위한 최소한의 재료들이라 여기니 어쩔 수 없었어. 거기에 마니푸르에서 받은 소금 한 봉지와 한국에서 가져온 채식 라면 한 봉지도 가방 속에 고이 모셔져 있었지.

순례길을 걸은 7일 동안 나의 메뉴는 아침엔 과일과 죽, 점심엔 불을 사용하지 않아도 되는 빵이나 치즈, 과일이었어. 하지만 저녁엔 나름대로 만찬을 즐겼지. 올리브유를 두른 파스타나 야채와 치즈를 넣은 또르띠아를 해 먹었어. 거기에 나름의 호사로 시장에서 산 와인을 홀짝이며 피곤한 몸을 달래면 여느 레스토랑이 부럽지 않았어.

순례길을 걷는 이유

3일을 걸었을 뿐인데 이미 발바닥에 엄청난 크기의 물집이 잡혔고 나는 절뚝절뚝 걸을 수밖에 없었어. 무거운 가방 때문에 허리와 발목의 통증도 적지 않았지. '좀 더 버티면 다음날부턴 괜찮아지려나?' '도대체 나는 왜 걸으려고 했을까? 이렇게나 많은 짐을 지고 왜?' 점점 몸이 힘들어지면서 내가 왜 이 순례를 시작하기로 마음먹었는지 돌아보게 되었어.

어쩌면 오래전부터 받아왔던 질문의 답을 찾고 싶어서 산티아고 순례길을 걸었던 것 같아.

"어쩌다 이런 여행을 시작한 거야?"

"세영, 너는 왜 그렇게 사서 고생을 하니?"

어릴 적부터 가까운 사람들에게 이런 말을 종종 들었는데, 지금은 내가 스스로에게 이 질문을 하게 되더라고. 다른 사람들이 느낀 것처럼 나는 부질없이 사서 고생하는 사람이었던 걸까.

하지만 나는 그렇게 나를 걱정하고 때론 말리기까지 하는 사람들에게 도리어 이런 질문을 던지고 싶었던 것 같아.

"고생 없이 어떻게 살아갈 수 있다는 거야?"

"누군가가 편한 길을 가려고 할수록 그 때문에 어떤 누군가가 고생할 수도 있지 않을까?"

"내가 고생이라는 걸 경험해 봐야 다른 사람의 힘듦을 공감할 수 있고, 또 서로 고생을 줄이는 삶을 찾아갈 수 있지 않을까?"

어쩌면 나는 내 안의 모험심과 용기를 끌어내고 싶었는지도 몰라. 이번 여행에서 생태마을이나 공동체라는 나름대로 안전한 울타리를 돌아보는 것 말고도, 처음 공동체를 세웠던 개척자들과 같은 모험심이 내 안에 얼마나 존재하는지 확인하고 싶었던 것 같아.

신부들이 순례길을 개척해 나간 것처럼, 어부들이 절벽 끝에서 지금이 마지막일 수도 있다는 마음으로 경계를 뛰어넘어 먼 바다로 향했던 것처럼, 자신감과 용기가 나의 깊숙한 곳에 잠들어 있다면 그걸 깨우고 싶었어. 순간순간 위기와 불안이 찾아오는 길 위에서 직접 내 몸과 내 속도로 그런 일들을 극복해 보고 싶었던 거야.

8킬로그램이 넘는 가방이 누군가에게는 무거운 짐으로만 보였겠지만, 길 위에 선 나에게는 밥을 할 냄비와 잠자리를 만드는 텐트가 담긴 세상에서 가장 가벼운 부엌이자 집이었어. 내가 매일 20~30킬로미터를 포기하지 않고 걸을 수 있었던 건 처음 보는 아름다운 풍경과 우연히 길에서 만난 사람들과의 반가운 눈인사 덕분이기도 했지만, '오늘은 무엇을 해 먹을 수 있을까? 저 마을 시장엔 어떤 특색이 있을까? 그곳에서 어떤 새로운 간식을 발견할 수 있을까?' 하는 즐거운 상상 때문이었어.

또르띠아

준비 재료(3~4인분)

올리브유 ....

마늘 ....3~4쪽

소금 ....약간

좋아하는 치즈 ....

(고다, 체다, 모짜렐라 등)

양파 ....큰 것 1개

좋아하는 채소 ....

(파프리카 반 개, 버섯 약간, 가지 1개,

토마토 1개, 아보카도 1개 등)

또르띠아용 랩 ....

(시중에서 판매하는 것을 사용하거나 통

밀가루 등으로 직접 만들어도 좋다.)

조리법

❶ 올리브유를 두른 팬에 마늘을 넣고 살짝 갈색이 될 때까지 굽는다. 통마늘이어도 괜찮지만 슬라이스로 썰어서 구우면 먹기에 더 좋다.

❷ 양파, 버섯, 가지는 잘게 잘라서 굽는
다. 이때 적당량 소금 간을 한다(가지
와 양파는 기름에 굽고, 버섯은 기름
없이 구워야 물이 덜 생긴다).

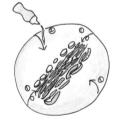

❸ 치즈, 파프리카, 아보카도는 생으로
사용하며, 얇고 길쭉한 모양으로 잘
라서 준비한다.

❹ ❶, ❷, ❸의 재료를 랩 위에 올려놓
고 돌돌 말아서 맛있게 먹는다. 취향껏
원하는 소스를 추가해도 좋다.

프랑스 리옹

FRANCE LYON

커뮤니티 식당

누구도
소외되지 않는
식탁

*

라따뚜이

리옹행 야간 버스

스페인 바르셀로나에서 며칠을 쉬고 독일로 가기 위해 버스를 알아보다가, 최근 결혼과 함께 프랑스 리옹에 정착한 제론과 제라미 부부와 연락이 닿았어. 마침 독일로 가는 버스 경로 중간에 리옹이 딱 위치하지 뭐야. 고민할 것도 없이 친구들의 보금자리를 둘러보기로 했어.

"세영, 꼭 우리를 만나러 와야 해. 널 위한 모든 걸 준비해 놓을 게!"

우리는 필리핀 마이아지구마을(Maia Earth Village)에서 처음 만난 사이로 이곳은 필리핀 팔라완 섬에 위치한 치유를 위한 생태마을이야. 제노아 활동을 통해 만난 파이라는 필리핀 사람이 대표인데, 그는 13년 이상 코코넛 생식을 하며 자신의 변화를 민감하게 포착했어. 그러고는 내면에서 나오는 에너지를 몸으로 표현하는 이너댄스Inner Dance라는 프로그램을 만들었지.

파이는 코코넛 생식과 이너댄스를 통해 공동체 구성원과 지역 주민을 위한 치유 작업을 시작했고 점점 더 많은 사람들이 그가 만든 공동체로 찾아왔어. 공동체 근처에는 바하이 칼리파이Bahay Kalipay라는 디톡스 & 요가 센터도 운영 중이야.

마이아지구마을에 도착해 제일 높은 곳에 자리한 인디고 구역에 텐트를 치러 올라갔을 때 친구들을 처음 만났어. 곧 달이 차오를 시기라 보름달을 더 가까이서 보고 싶어 올라갔던 건데, 친구들 역시 같은 마음이었던 거지.

꽤 오랫동안 마이아지구마을에서 지냈다는 이 친구들은 채식 중에서도 생식을 했어. 그런 친구들과 함께 풀과 꽃잎을 수확해 샐러드를 만들어 먹고, 달이 뜨면 서로 마사지를 해 주며 살아온 이야기를 나누었지. 그러다 보니 자연스럽게 사이가 돈독해졌어.

필리핀 출신인 제론은 법 관련 일을 하라는 부모님의 말씀을 따라 로스쿨에 갔지만 자기답게 살 수 있는 삶을 찾아 공부를 그만두고 학교를 나왔다고 했어. 그러고는 몇 년 동안 비건, 생식, 요가와 몸 치유 작업을 하다 최근에는 세계생태마을네트 워크의 아시아 지부 일을 돕고 있었지.

프랑스인 제라미는 오랫동안 학교와 엔지니어 회사에서 일을 하다가 그만두고 여행을 시작했다고 해. 아시아에 온 건 처음이지만, 주로 자전거를 이용해서 생태적인 방식으로 여행 했던 그는 생태마을과 공동체에 관심이 생겨 마이아지구마을 에서 수개월간 자원활동가로 지냈지. 그곳에서 본인이 지닌 보 물 같은 엔지니어 기술을 실제 생활에 적용하기 위한 방법을 찾는 중이었어.

그 당시 '우린 또 만날 거야' 하는 느낌으로 헤어졌는데, 정 말 몇 달 뒤에 태국 가이아아쉬람에서 다시 만났어. 그곳에서 도 한 달을 같이 지내면서 더 가까워졌지. 특히 두 친구는 명상, 요가, 이너댄스 워크숍, 자전거 여행을 함께하면서 관계가 진전 되었나 봐. 두 사람은 어느 날 결혼을 약속했고 프랑스로 이사 한다는 소식을 전했어. 사랑스러운 두 사람이 살림을 차린다니 정말 기뻤지 뭐야. 또 친구들이 어떤 모습으로 지구에 이로운 삶을 꾸려나갈지 궁금했어.

자고 일어나면 어느새 새로운 공간을 열어 주는 나의 타임

머신, 야간 버스에 몸을 싣고 새벽 6시쯤 리옹 버스터미널에 내렸어. 생각보다 1시간이나 일찍 도착했지만 강을 따라 약속 장소로 걸어가는 길이 무척이나 아름다워서 여유롭게 시간을 보냈어. 리옹은 '손'과 '론'이라는 2개의 강이 만나는 곳이라 강을 중심으로 산책길과 조명이 아름답게 조성되어 있더라고. 프랑스 하면 분수, 강, 서점, 바게트, 크로와상, 에스프레소 같은 이미지가 떠올랐는데 이제 거기에 '산책'을 더해야겠다는 생각이 들었어.

커뮤니티 식당

"봉주르 세영!"

익숙한 목소리를 듣자마자 낯선 곳에서의 긴장이 사라지고 마음이 놓였어. 오랜만에 만났지만 줄곧 만나던 편한 친구처럼 나를 반겨 주었지. 그리고 쉬지 않고 자신들의 근황을 이야기했어. 특히 제론은 프랑스어를 공부하면서 좋은 커뮤니티를 발견했고 최근엔 요가 수업을 시작했다든가 제라미 부모님의 정원 텃밭을 새롭게 디자인했다든가 하는 이야길 쉴 새 없이 털어놓았어. 하나같이 밝은 에너지가 넘치는 소식이었지.

"요전에 아주 좋은 식당을 찾았어. 협동조합의 형태로 운영되는 커뮤니티 식당인데 본인이 낼 수 있는 만큼 돈을 지불하고 누구나 함께 요리하며 밥을 먹는 곳이야. 네가 좋아할 곳이라 같이 가서 요리하려고 미리 말해 뒀어."

한껏 기대에 부푼 나는 친구와 함께 창이 넓은 가게에 들어섰어. 가게 안에는 이미 향긋한 냄새가 가득했고, 여러 사람이 테이블에 음식과 그릇을 올려놓고 있었어. 우리도 얼른 손을 씻고 부엌으로 이동했어.

"환영해요! 오늘은 필리핀과 한국에서 오신 분들과도 함께하네요."

"여기 계신 분들이 다 손님인가요? 어떻게 이런 식당을 시작하셨어요?"

"네, 회원제로도 운영되고, 저희 시간표를 보고 찾아오는 분들도 계세요. 보통은 비영리단체나 정부 기관에서 홈리스나 홀로 사는 사람 혹은 소년소녀가장에게 급식을 하잖아요. 그런데 저희는 누군가 그들에게 '무언가를 해줘야 한다'라는 생각과 방식으로 다가가는 것에 불편함을 느꼈어요."

"맞아요, 저도 교회나 적십자에서 푸드트럭을 가져와 독거노인들이 줄을 서서 음식을 받아먹는 모습을 보면 취지는 알지만 아쉬움이 들어요. 캠페이너들은 자신들의 로고가 붙은 옷을 입고서 배식을 하고, 밥을 받은 어르신들은 길거리에 주저앉아 식사하는 모습이 불편하더라고요. 좀 더 나은 방식은 없을까 싶었죠. 그런 캠페인은 결국 사람을 주는 쪽과 받는 쪽으로 구분하는 것에서 시작하니까, 오히려 사회적 편견을 부추기거나 고정시키는 것이 아닐까 하는 생각이 들거든요."

"네, 우리는 모두 이 지역에 사는 같은 주민이자 시민이고, 먹는다는 것은 모든 생명의 당연한 권리니까요. 누군가에게 일방적으로 음식을 주는 게 아니라, 모든 사람이 편하게 모일 수 있는 공간을 만들고 요리하며 함께 어울리는 일이 공동체를 위해 중요하다고 생각했어요. 요리사로서 내가 할 수 있는 일이기도 하고요. 이런 취지에 공감해서 재료를 공급해 주시는 지역 농부들도 있고 주변 마트에서 남는 식재료와 빵을 공급받기도 해요. 식사 요금은 기본적으론 자율 기부제지만 와인과 음료 종류는 적당한 요금을 정해서 받아요."

"많은 사람이 어울릴 수 있는 식당을 저도 한국에서 해 보고 싶어요. 이런 식당이 많이 퍼져나가면 좋겠어요."

우리는 기다란 테이블에 앉아 샐러드부터 디저트까지 식사를 하는 동안 서로 어디서 왔는지, 어떻게 지내는지, 음식을 어떻게 준비했는지 등등 많은 얘기를 나눴어. 가게는 어느새 이 순간을 함께하는 사람들의 에너지로 가득 채워졌지. 남은 음식은 원하는 사람이 준비해 온 통에 가져가거나 뒷정리까지 해 주신 분들에게 양보했어.

나에게 프랑스 식사는 느긋한 느낌으로 다가왔어. 한국에서 여러 사람들이 같이 먹을 때는 보통 순식간에 음식을 먹어 치우고, 자리를 정리하거나 옮긴 다음 대화를 나누는 일이 많았다면, 이곳에서는 대화에 맞춰 식사를 해 나가는 느낌이랄까? '음식을 먹는다'가 아니라 '함께 식사한다'에 더 중심을 두는 커뮤니티 식당의 취지가 참 좋았어.

느리게 먹기를 권함

"우와, 향이 정말 한국 김치 그대로네!"

다음 날 제론과 제라미가 집에서 처음으로 김치를 담가 봤다며 내게 보여 주었는데 정말 한국 김치 느낌이 물씬 나더라고. 김치 맛을 나누기 위해 친구의 다른 친구들과 함께 점심 피크닉을 나섰어. 제라미는 라따뚜이를 만들고 나는 김치와 밥을 볶은 다음 석류를 토핑해 보았어. 공원에 자리를 펴고 서로 가져온 음식 이야기를 나누며 맛을 보았지. 준비한 음식들 덕분에 3시간을 훌쩍 넘긴 피크닉이 내내 즐거웠어.

메인 요리들이 거의 다 비워질 때쯤 이제 피크닉이 끝나려나 싶었는데, 다들 치즈와 케이크를 꺼내며 디저트 타임을 알렸어. 프랑스에서는 후식으로 치즈를 즐기는데, 입 안에 풍미를 오래 남겨서 그렇다더라고.

배가 부른 나는 잔디밭에 누워서 화기애애한 사람들의 모습을 흐뭇하게 지켜보았어. 그 순간 갑자기 '빨리빨리'라는 단어가 떠올랐어. 예전에 한국에서 생활하는 외국인 친구들에게 한국 문화에서 가장 인상적인 게 뭐냐고 물어봤더니 다들 '빨리빨리'라고 대답했지. 회사 사람들과 점심을 먹을 때나 퇴근 후 외식을 할 때도 한 곳에서 오래 머물기보단 분주하게 이곳저곳 다니며 식사를 한다는 거야.

식사를 하는 가장 큰 이유는 물론 우리 몸에 필요한 영양을 주기 위한 것이지. 요즘에는 자기 시간을 더 확보하기 위해 급히 식사를 해결해야 하는 사람도 많을 거야. 하지만 여전히 나는 식사가 일종의 문화라고 생각해. 낯설고 새로운 곳에서 새로운 사람들과 새로운 방식으로 식사를 해 보면 서로의 문화를 배우면서 상대방을 더 깊이 이해할 수 있었거든. 나에게 음식을 만들고 먹고 나누는 모든 순간들이 소중할 수밖에 없는 이유야. 함께 음식을 먹다 보면 '우리'라는 문화가 쌓인다고 생각하니까 말야. 먹는 속도만이 아니라 음식을 대하는 우리의 마음도 조금은 더 느긋해지면 좋겠어.

라따뚜이

가지..1개
양파 1개
애호박..1개
토마토......................................3~4개
다진 마늘 1티스푼

소금 .... 약간
후추 .... 약간
허브가루 .... 약간
(생 허브를 써도 좋다)
올리브유 ....

＊ 친구들을 초대해서 함께 먹어 보자.
＊ 집에 먼저 사용해야 하는 채소류가 있다
　면 적극적으로 활용하자.

＊ 퀴노아 혹은 먹다 남은 찬밥에 라따뚜이
　소스를 올려 먹어도 맛있다. 바게트와
　치즈를 곁들여서 먹어도 환상적이다.

조리법

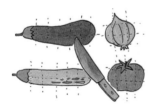

❶ 준비한 채소들을 한 입 크기로 깍둑
　썰기 한다.

❷ 조금 높이가 있는 프라이팬에 기름을
　둘러 다진 마늘과 양파를 볶다가 가
　지, 애호박을 넣어 볶는다.

❸ 재료들이 다 익으면 토마토를 넣는다.

❹ 토마토와 채소에서 물이 나와 국물이 생기기 시작하면 약불로 바꾸고, 소금과 후추로 간을 한 뒤 진득한 스프가 될 때까지 끓인다. 바닥 면이 타지 않도록 잘 저어 준다.

❺ 완성된 라따뚜이를 그릇에 옮겨 담고 허브로 토핑한다.

네덜란드

NETHERLANDS

리빙 빌리지 페스티벌

살아 있음이
바로 축제

✳

대파 감자 스프

축제를 위한 부엌

수천 명의 사람들이 모여 일주일간 새로운 마을을 세워 살아가는 축제, 리빙 빌리지Living Village는 어떤 곳일까? 2회째 열린다는 이 축제에 가 보기로 했어. 간간히 온라인으로 접한 소식으로는 자원활동가만 수백 명이 모여 준비를 시작했고, 예상 참가 인원은 5천여 명이 넘는다는 거야. 내가 가 본 축제 가운데 가장 큰 규모였지.

공연존, 영성존, 생태존, 아이들의 놀이터존 등으로 나누어져 있었고 시간표에는 백여 개가 넘는 워크숍이 기획되어 있었어. '생태 전환 구역'이라는 표시도 보았는데 그곳에서는 젠 네덜란드GEN Netherlands를 운영하는 몇몇 공동체와 젠의 교육기관인 가이아에듀케이션에서 꾸린 워크숍도 있었어.

워크숍들은 대체로 '우리가 어떻게 자신의 본성을 이해하고 지구와 연결됨을 느끼며 자연 친화적인 삶을 살아갈 수 있을까?'와 같은 큰 질문에 대해 각각의 방식으로 접근하는 내용들이었어. 서로 소통하고 영감을 받으면서 자연과 연결된 삶을 살 수 있는 내면의 힘을 기르는 거였지.

축제 이름부터가 '함께 살아가는 마을'이었으니까, 공동체를 만드는 데 필요한 요소들인 '세계관, 문화예술, 생태, 경제/대안화폐, 사회'라는 영역별로 일정표가 디자인되어 있었어. 그리고 이 안에 명상과 요가, 적정기술, 마켓, 치유, 음악 공연 등의 워크숍이 이른 아침 6시부터 밤 12시까지 일주일간 빼곡하게 자리 잡았어.

나도 젠의 청년단체인 넥스트젠에서 활동하는 중이었고, 곧 젠의 유럽 컨퍼런스에도 참가할 예정이라 이번 축제에 일반 참가자 아닌 자원활동가로 함께하면 재밌을 것 같았지.

역에 내려 지도를 보면서 축제가 열리는 곳으로 걸어갔는데 곧 지도가 필요없더라고. 같은 곳으로 향하는 자유로운 영혼들이 많이 보였거든. 자연스레 그들을 따라 가니 멀리 인디언 티피들이 보이기 시작했어. 접수대에 이름을 얘기하고 자원활동가 티셔츠와 팔찌를 받으려던 순간, 갑자기 모든 사람들이 하던 일을 멈추고 눈을 감았어.

어리벙벙한 나에게 한 스태프가 "오후 7시가 되면 모두 7분간 하던 일을 멈추고 명상을 해요"라고 알려줬지. '아! 그럼 나도…' 덕분에 바닥에 주저앉아 먼 길을 걸어온 내 다리에게 감사하며 이 장소에서 느껴지는 기운을 천천히 받아들일 수 있었어.

잠자리를 해결할 텐트를 치러 가는 길에는 여기저기 사람들이 생태화장실을 만들거나 음악을 연주하거나 예쁜 장식과 무대 그림을 그려 아이들이 놀 수 있도록 놀이터를 만드는 중이었지. 눈에 보이는 모든 것들이 빛나고 아름다워 보였어.

나는 부엌에서 자원활동할 사람들과 미팅 장소로 갔어. 한 20명 정도 있었던 거 같아. 지난해 처음 열린 축제부터 함께한 경험자들과 자신을 여행하는 요리사라며 소개하는 메인 요리사 등과 함께 요리하게 되었어.

"부엌 팀에서 가장 중요한 건 첫째도 손 씻기 둘째도 손 씻기 셋째도 손 씻기예요! 식재료에 손을 대기 전엔 반드시 꼭 손을 씻어 주세요. 이번 리빙 빌리지에서는 주로 비건을 위한 채식 메뉴가 나가요. 감사하게도 모든 식자재를 지역 주민과 농부들 그리고 마트에서 폐기되는 가공식품과 빵을 공급받아 해결할 수 있었어요. 구체적인 메뉴는 그때그때 들어오는 재료에 따라서 결정하도록 할게요."

프랑스에서 지내다 이 축제에서 요리를 하기 위해 고향으로 돌아왔다는 그녀의 카리스마 넘치는 목소리가 멋지게 들렸어. 내일부터 우리는 어떤 요리를 하게 될까?

리듬 속의 요리

밤 사이 비가 계속 내려 텐트 안에서도 꽤나 쌀쌀한 밤을 보내고 아침 6시부터 식사 준비를 하러 갔어. 다행히 따뜻한 차와 커피를 내리고 빵에 발라 먹을 잼과 치즈, 과일을 내놓는 정도였지. 본격적인 일은 그다음부터였어.

아침 식사 이후 바로 8시부터 300인분의 점심을 준비했어. 오늘 메뉴는 몸을 따뜻하게 해 줄 대파 감자 스프와 샐러드였어. 안 그래도 아침에 빵을 먹으려다가 몸이 차가워 영 먹히지 않았는데, 나만 추운 게 아니었나 봐. 샐러드는 비건과 채식 두 가지로 분류해 만든다고 했는데, 스프는 어떻게 하려나? 대파는 기름이 나오도록 구워서 넣으면 맛있겠는데⋯. 이런저런 생각을 하며 요리를 시작했어.

부엌의 자원활동가는 크게 설거지 팀, 재료 손질 팀, 요리 팀으로 나뉘어져 있었지만, 재료를 다듬는 데만 3시간이 족히 걸릴 거라고 해서 우선 재료 손질에 모두 달려들었어. 냉장 창고에 가서 농부님이 제공해 주신 대파를 몇 바구니 가져오는데 파뿌리에 흙이 그대로 붙은 싱싱한 상태라 진한 파 내음이 식욕을 자극했어. 감자는 마트에서 제공해 줬는데 상한 부분이 많아서 손이 많이 갈듯 했어.

그렇게 파와 감자 몇 박스를 부엌으로 옮겨 테이블에 올려놓고 한 바구니에 4명씩 붙어서 둘은 재료를 씻고 둘은 칼질하는 시스템이 자동적으로 착착 만들어졌어.

"하하하, 이 많은 파들이 다 필요할 만큼 수많은 사람들이 참가하는 축제라니!"

파를 다듬으며 나도 모르게 절로 흥겨워서 콧노래가 나왔는데, 마침 근처에 음악을 연주하는 사람들도 있어서 리듬에 맞춰 몸을 흔들며 즐겁게 일할 수 있었지. 자원활동가들과 서로 어떻게 이 축제까지 왔는지 진지한 이야기도 나누고 말야. 한참 파를 썰다가 눈이 매워지기 시작했는데 눈물과 함께 웃음이 새어나왔어. 너무 매워 잠시 일어서 보니, 같은 파를 써는데도 각기 다른 크기와 속도로 자르는 여러 자원활동가들의 모습이 눈에 들어왔거든. 다른 사람들도 어지간히 파가 매웠는지 하나둘 자리에서 일어났고, 눈이 마주친 우리는 크게 웃었지.

"아하하, 이거 너무 즐겁지 않아? 나는 이렇게 함께 요리하는 게 정말 좋아. 이 과정을 누군가 옆에서 지켜봐 주는 것만으로도 즐겁지 뭐야. 내가 요리하면서 느끼는 경험들을 먹는 사람들도 음식을 통해 느꼈으면 좋겠어. 아무리 훌륭한 요리사라도 소금을 더 넣어야 할지 말아야 할지 조절하는 경험이 쌓여야 적당한 간을 알 수 있는 것처럼, 스스로 요리를 못한다고 생각하는 사람들도 계속 요리에 동참하는 이런 경험에 도전하면 좋겠어. 직접 샐러드를 손으로 버무리다 보면 드레싱이 적당하다는 말이 어떤 느낌인지 깨달을 수 있으니까. 그렇게 함께 차린 식탁에서 근사한 한 끼를 먹으면 단순한 식사 이상의 무언가를 얻을 수 있는 것 같아. '오, 나도 할 수 있네!' 하는 자신감 말이야!"

스웻로지, 어머니의 품

"이 축제에서 이것만은 꼭! 하는 게 있어?"

맞은편에 앉은 친구가 물었어.

"나는 이 축제가 어떻게 만들어졌고 만들어질지 알고 싶어. 그리고 프로그램 중에서는 스웻로지sweat lodge를 꼭 해 보고 싶어!"

"스웻로지?"

"응, 이번에 남미에서 오는 샤먼이 진행한대. 스웻로지는 본래 네이티브 아메리칸이 몸을 씻거나 기도를 올릴 때 쓰는 오두막을 뜻하지만, 요즘은 몸과 마음을 정화하는 의식을 가리킨대. 정화 의식으로 공동체 혹은 그룹이 함께 땀을 흘리며 서로 고마워하고 치유하고 지혜를 구하는 시간이래. 적어도 3시간은 걸린다고 해서 오늘 일 끝나면 바로 뛰어가려고! 그래서 그런데…, 나 스프 한 그릇만 남겨줄 수 있을까? 헤헤."

교대 시간이 되자마자 나는 쏜살같이 스웻로지가 진행되는 영성존으로 달려갔어. 사람들이 길게 줄을 서서 이번에는 안 될 수 있겠다 싶었는데 다행히 내가 서 있는 줄까지 참가할 수 있었어.

스웻로지를 시작하기 전 범상치 않아 보이는 샤먼이 우리에게 주의 사항을 설명해 주었어.

"이 돔은 어머니의 자궁 역할을 해요. 앞으로 2시간 이상

돔 안에 지속적으로 뜨겁게 달궈진 돌을 넣으면 여러분은 어머니 배 속에 있을 때와 같은 따뜻함부터 숨이 막힐 것 같은 뜨거움까지 느끼게 될 거예요. 우리가 자궁 안에 있었던 것처럼 옷을 다 벗어도 좋고 수건을 걸쳐도 좋아요. 들어갈 때는 기도를 하면서 1명씩 들어갑니다. 중간에 돌이 들어올 때 돌아가면서 물을 한 모금씩 마실 수 있고, 중간에 나갈 수는 있지만 한 번 나가면 다시 들어올 수 없어요. 아호(아호는 '동의합니다, 아멘'이라는 뜻이야)."

"아호."

이런 경험이 낯설어 살짝 고민되었지만 옷을 다 벗고서 뜨거운 불과 차가운 땅의 기운을 온몸으로 느껴봐야겠다고 결심했어. 조그마한 돔에 30명 정도가 다닥다닥 붙어 앉아서 자기소개를 하는 동안 첫 번째 돌이 들어왔어.

"조상님이 들어오십니다. 아호."

돌이 들어올 때마다 환대의 구호를 다 함께 말하고 물 한 컵을 돌아가면서 마셨어. 7번째 돌이 들어올 때 즈음 숨쉬기가 곤란해지면서 나도 모르게 옆 사람에게 몸을 기대었는데 그가 나의 등을 어루만지며 독려해 주었어. 샤먼은 내게 숨 쉬기가 힘들면 바닥에 누워 흙의 찬 공기를 마셔 보라고 했어.

그렇게 10번째 마지막 돌이 들어올 때는 모두가 통곡하듯 소리를 내며 다들 바닥에 드러누우려 했어. 자연스럽게 서로의 몸이 포개졌지. 이 순간 내가 누구이고 여기가 어디인지 모를 만큼 모든 생각들이 사라지고, 오직 숨을 쉬어야겠다는 생각만 남았어. 뒷사람이 내가 숨을 쉴 수 있게 해 주고 나는 내 앞에 누워 있는 사람이 숨을 쉴 수 있도록 지켜 주니 결국 모두가 서로를 의지하며 숨을 쉴 수밖에 없는 그런 상태에 이르렀어. 그리고 마침내 열린 문!

"하아~"

여름 공기가 이토록 차갑다니! 분명 엄마 배에서 나왔을 때 이런 차가운 느낌을 받았겠지? 이렇게 빛이 밝다니! 내가 처음 이 세상 빛을 봤을 때도 이랬을까? 온몸에 땀이 나 어느새 몸에 묻은 흙이 진흙처럼 되어 있었어. 나를 감싸던 태반이 꼭 이런 느낌이었을까? 무엇보다 이런 환희의 느낌은 처음이었어. 그리고 이상하게 기쁨의 눈물이 흘러 나왔어. 태어나 처음 울었을 때도 기뻤을까? 여러 생각이 오가는 중에도 지금 이 감각만은 잊고 싶지 않았어.

추위에 떠는 몸을 녹이려 불을 바라보고 앉아 있는데 문득 예전에 친구가 들려 준 이야기가 생각났어. 호주의 한 원주

민은 사람들을 이롭게 한 불의 이야기를 대대로 들려준다고 해. 그만큼 그들에겐 불이 중요하고 또 항상 불씨를 지키며 불을 피우는 것이 성스러운 행위라는 거지. 다행히도 그런 불의 위험성과 아름다움을 기억하는 사람들이 아직 있기 때문에 미래에 희망이 있다던 친구의 말이 내 마음 깊숙한 곳에 남아 있었나 봐.

몸이 따듯해지면서 점점 배가 고파졌어. 친구가 나를 위해 따로 담아 놓은 스프를 받아 빈 속을 따듯하게 데웠어. 불과 음식에 감사하며 천천히 식사를 했어.

대파 감자 스프

준비 재료(3~4인분)

큰 감자 .... 4~5개
대파 .... 반 단
양파 1개
올리브유 ....

소금 ....1~2스푼
후추 .... 약간
물...4~6컵

❊ 물 3컵 + 두유나 우유 1컵으로 응용해도 좋다.

❊ 스프에 구운 바게트나 식빵을 찍어 먹으면 환상적이다!

조리법

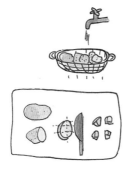

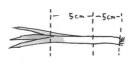

❶ 감자는 껍질을 깨끗하게 씻은 뒤 약간 큼직하게(깍둑썰기나 슬라이스 다 좋다) 썬다.

❷ 파는 5센티미터 간격으로 자른 후 결을 따라 세로로 썬다.

❸ 양파는 결을 따라 1~2센티미터 정도
로 슬라이스 한다.

❹ 냄비에 기름을 두르고 약불에 파와
양파를 한참 볶다가 재료가 투명해지
면 감자와 소금(1스푼 정도)을 넣어
같이 볶는다.

❺ 파와 양파가 살짝 끈적한 상태가 되
면 물을 넣고 끓인다.

❻ 감자가 완전히 익으면 불을 끄고 한 김 식힌 뒤, 수저(국자)로 감자를 눌러 으깬다. 약간 덩어리를 남겨도 씹는 식감이 있어 맛있다.

❼ 다시 아주 약한 불에서 저어 가며 끓인다. 소금과 후추로 간을 한다.

❽ 스프 위에 송송 썬 파로 장식을 하면 향긋하고 색감도 산다.

독 일 프 라 이 부 르 크

GERMANY   FREIBURG

보 봉 전 환 마 을

생활을 바꾸려면
어떻게 해야 할까?

✳

브로콜리 스프

프라이부르크에 바라다

친한 친구가 "네가 좋아할 것 같아서"라며 '프라이부르크'
와 '전환마을'을 키워드로 한 책을 선물해 준 적이 있어. 여기서
말하는 '전환'은 '내가 살고 있는 지역의 문제를 내가 잘 아는
방식과 내가 좋아하는 일로써 자연스럽게 개선해 가는 상태'를
의미해.

그때 프라이부르크가 마음에 쑥 하고 들어와서 '와, 꼭 한
번 가 봐야지' 하고 생각했어. 나는 한적하고 자연이 풍요로운
곳에 세우는 생태마을보다 인구가 많은 도시에서 동, 구, 시 단
위로 묶인 기존의 마을들이 조금씩 생태적으로 변화했으면 하
는 꿈과 기대가 있었거든.

그런 이유로 프라이부르크가 어떤 모습으로 '전환'하여 살아가는지 너무 궁금했어. 그곳에 갈 계획을 세우며 가장 먼저 프라이부르크 시의 보봉Vauban 마을에 가이드를 해 줄 수 있는지 연락해 봤어. 기본적으로 마을을 찾는 방문객이 많아 투어 가이드 서비스를 신청할 수도 있었지만, 단체 가이드가 아닌 적은 인원이 함께 산책하듯 마을 식당에서 같이 밥을 먹고 스스럼없이 이야기도 나누는 방식이었으면 했어.

감사하게도 며칠 뒤 한 분이 나의 생각에 응답해 주셨어. 밤 버스를 타고 이른 아침 보봉 마을에 내려 미리 봐 둔 캠핑장으로 향했어. 가는 중에 수백 대의 자전거가 놓인 주차장을 보았어. 일본에서 대학을 다닐 때 자전거로 등교하는 사람이 많아 주차하기 위해서 한참 기다렸던 기억도 나고, 내 자전거를 어디에 뒀는지 까먹어서 이리저리 찾아 헤매던 기억도 스쳐 갔어. '여기 사람들도 그럴까?' 생각하며 이곳 사람들의 삶을 조금씩 상상해 보기 시작했지.

주위에 이동 수단이라고는 공용 버스와 자전거보다 느리게 달리는 것 같은 전차가 전부였어. 안전모를 쓰고 자전거로 학교를 가는 어린이와 회사로 출퇴근하는 듯한 어른들의 모습이 점점 늘어날 뿐이었지. 나는 허기를 느끼고 잠깐 앉아서 쉴 만한 곳을 찾았어. 그러다 '슬로푸드, 지역화폐(slow food, local currency) 사용 가능' 스티커가 붙은 커피숍을 발견했지. 여기다!

카페와 레스토랑에서 즐기는 슬로푸드

가게 안쪽에는 직접 로스팅을 하는 남성 분과 커피를 내리는 여성 분이 보였어. 메뉴판엔 커피를 로스팅한 날짜를 비롯해서 각종 메뉴에 사용되는 재료에 대한 정보가 쓰여 있었어. 이를테면 우유는 어떤 농부가 생산했고, 몇 킬로미터 거리의 어느 지역에서 왔는지 등의 내용이 자세하게 적혀 있더라고.

설레고 두근거리는 목소리로 카푸치노를 주문하고는 가게 곳곳에 비치된 '슬로푸드 프라이부르크'라고 적힌 안내 책자를 들여다보았어.

"슬로푸드에 관심이 있나 봐요?"

"네! 요리해서 먹는 걸 좋아하다 보니 자연스럽게 관심이 가더라고요. 한국에서 슬로푸드 청년들과도 활동했어요."

"정말요? 너무 반가워요. 여보, 한국 슬로푸드에서 오셨대! 한국에서도 슬로푸드가 활발한가요?"

"자세한 건 잘 모르겠지만, 한국 내에서도 관심이 높아지고 점점 활발해지는 건 확실한 것 같아요. 두 분은 여기서 오래 활동하셨나요?"

"우리는 이 지역 출신은 아니지만 반핵 운동이 시작되면서 이쪽으로 넘어왔어요. 그러다가 생활적인 면에서도 우리의 가치를 실천하고 싶어서 찾은 게 카페와 그림이에요. 작은 카페지만 지역 곳곳에서 온 건강한 먹거리를 맛볼 수 있는 곳으로 만드는 중이에요. 프라이부르크에선 얼마나 있나요? 시간이 되면 이곳 슬로푸드 친구들을 소개해 줄게요. 조금만 외곽으로 나가면 와인 농가도 있고 저희가 우유를 받는 목장에도 가 볼 수 있어요."

"아쉽게도 이번엔 3일 정도 밖에 시간이 없어서 멀리는 못 갈 것 같아요. 마을에서 활동하시는 분이 가이드를 해 주시기로 해서 이곳과 프라이부르크를 좀 돌아보려고요. 시내에서 추천해 줄 곳이 있나요?"

"여기서 대성당이 있는 쪽으로 가는 길에 아델하우스라는 식당이 있는데 제철 채소와 과일들은 대부분 지역 농부와 직거래하고 유기농 재료를 사용한 채식을 팔아요. 아마 좋아할 거예요."

소개해 주신 식당을 찾아 골목 안으로 들어가니 조그만

분수대 주변으로 놓인 테이블에서 점심을 즐기는 사람들이 보였어. 아델하우스는 접시에 먹고 싶은 만큼 음식을 담아 그 무게만큼 값을 지불하는 형식으로 운영되었어.

샐러드와 여러 종류의 드레싱 소스, 먹기 좋게 잘라진 빵, 오늘의 스프, 템페부터 후무스까지 콩을 응용한 여러 메뉴들이 허기진 내 눈앞에 펼쳐지니 어떤 걸 담아야 할지 혼란이 찾아올 정도였지. 이럴 때는 일단 한 바퀴 둘러보고 결정하는 게 좋아. 찬찬히 메뉴를 들여다보는데 누군가 "한국 분이세요?" 하고 물었어.

고개를 돌리니 요리사복을 입은 남자 분의 이름표에 한국 이름처럼 보이는 스펠링이 적혀 있지 뭐야. 눈이 마주치자 요리사는 나에게 농담 섞인 말투로 말을 걸었어.

"여긴 다 맛있어서 잘못 담으면 웬만한 식당보다 가격이 훨씬 많이 나올 수도 있어요. 그러니까 신중히 담으셔야 해요. 하하하."

"네, 안 그래도 어떤 걸 먹어 볼지 먼저 둘러보던 참이에요. 감사해요."

나는 두유와 브로콜리가 들어간 오늘의 스프와 속에 부담이 덜할 것 같은 빵 한 조각 그리고 먹어 보고 싶은 것들을 한

젓가락씩만 담았어. 과연 가격이 얼마 나올까 두근두근하며 카운터에서 무게를 재니, 13유로 정도가 나왔어.

생각보다 가격이 비싸서 놀라긴 했지만 여러 가지 음식을 먹고 싶은 마음에 그대로 계산하려는데, 아까 인사를 나눴던 한국 요리사 분이 "반가워서요"라며 지역에서 만드는 레모네이드를 선물해 주었어.

"와, 정말 감사합니다."

배가 너무 고팠지만 최대한 하나하나 음미하며 먹고 싶었어. 유럽에 온 이후로 빵이나 샐러드 등 차가운 성질의 식사를 많이 하는 것 같아서 가능한 따뜻한 걸 먼저 챙겨 먹으려고 했지. 먼저 모락모락 김이 나는 연둣빛 브로콜리 스프로 식사를 시작했어.

후후 불어서 한 숟가락 떠먹었더니 브로콜리의 향이 은은히 입안에 퍼지면서 나를 사로잡았어. 정신을 차리니 스프를 다 먹은 뒤였지 뭐야. 천천히 먹으려고 했는데…, 헤헤. 하지만 스프로 든든히 속을 달랜 덕분에 샐러드와 다른 요리들을 천천히 음미하며 맛볼 수 있었어.

디저트로 아까 받은 레모네이드를 마시며 보봉 마을로 걸어가는 길, 여기서는 채식, 비건 레스토랑뿐만 아니라 환경을 위한 운동성을 가진 제로웨이스트 가게, 옷가게, 빵집 등의 상점들을 곳곳에서 쉽게 찾아볼 수 있었어.

평범한 슈퍼마켓에서도 허브를 화분째 파는 마을 속에서 오히려 맥도날드나 스타벅스 같은 큰 프랜차이즈 가게들이 독특하게 느껴질 정도였지.

미래 도시의 고민

가이드는 10여 년간 이 마을에서 활동하고 계신 여성 분이었어. 함께 마을을 돌며 마을 곳곳에 보이는 반핵 깃발에 관한 이야기를 들을 수 있었지. 독일도 체르노빌 사고 이후 방사능 구름을 비롯한 각종 후폭풍과 큰 피해를 겪었어. 그런 중에도 프라이부르크 시는 자체적으로 원자력 의존 상태에서 벗어나려고 노력했지.

특히 보봉 마을은 주민들이 스스로 에너지를 만들어서 자립해 나가는 주거 단지를 기획하고 만든다고 해. 마을 주택의 지붕엔 하루 종일 해가 기우는 각도에 따라 에너지를 저장할 수 있는 태양광 패널이 설치되어 있는데, 한 가정에서 1년간 소비하는 에너지보다 생산량이 높아서 남는 에너지는 판매도 한다고 들었어.

또 이곳에서는 마을 내 도로에 아이들이 노는 곳이라는 사인을 그려 놓고, 자동차 운행을 하지 않는다고 했어. 그렇게 안전하고 자유롭게 노는 어린이들 주변에는 커뮤니티 텃밭이 여럿 보였어. 내가 들렀던 날은 마침 매주 특정 요일에 열린다는 장터에서 20여 가지의 레시피로 절여진 올리브를 판매하는 분도 만날 수 있었는데, 한국의 김치처럼 다양한 방식으로 만드는 올리브에 감탄했지.

마을을 한 바퀴 둘러보고 가이드가 추천해 준 카페에 들어갔어. 우리는 협동조합 식당처럼 운영되는 아기자기한 곳에서 몸을 녹이기 위해 코코아와 짜이를 한 잔씩 시키곤 가장자리에 앉았어. 가게 사람들을 부러운 눈으로 바라보다 나는 문득 궁금해졌어.

"이런 마을에 사는 사람들은 어떤 고민이 있을까요?"

"왜 없겠어요. 고민이 많죠. 아주 아름다운 마을이지만 이곳을 유지하기 위해 그리고 개선하기 위해 여러 고민을 해요. 많은 사람들이 삶의 전환을 꿈꾸며 이사 오려고 하다 보니 대기자도 많고, 사실 인근 땅값까지 많이 올랐어요. 그래서 프라이부르크로 이사 오는 일이 점점 어려워지고, 또 들어와서도 넉넉한 경제활동이 없으면 생활하기 어려운 거죠. 이 마을에서 활동하는 저도 아들을 이곳에서 키우고 싶어서 이사 오려고 노력했지만, 결국은 8~10킬로미터 먼 곳에 거주하니까요."

"그렇군요. 전혀 생각하지 못했어요. 한국도 주거 공간에 대한 문제가 심각해요. 저도 농사를 지으려 귀촌했었는데 1년도 채 안 되서 땅 주인에게 쫓겨났거든요. 이유는 땅값이 올라 건물을 지어야 하기 때문이었어요. 그때 정착했다면 또 지금처럼 수개월간 여행할 수는 없었겠지만, 많은 한국 청년들이 마땅히 머물 곳을 찾지 못한 채 방황하죠. 그 속에서 또 제가 해야 하는 역할이 있는 거겠죠?"

가슴에 품은 이야기를 꺼내고 나니 눈물이 핑 돌았어.

"이해해요, 독일도 비슷해요. 대부분의 사람들이 결국 도시에서 살면서 시골에는 주말 동안만 왔다갔다 하며 지내는 경우가 많아요. 한 마을 단위가 전환을 이룬다는 건 정말 어려운 일이죠. 시간도 많이 걸리고요. 조급해하지 않아야 하지만 너무 여유 부려서도 안 되고요. 나의 공간에서 먼저 실천하는 것도 정말 중요하지만 거기서 그쳐서도 안 돼요. 여럿이 함께하지 않으면 결국 이 사회는 바뀌지 않을 거란 걸 많은 독일인들이 알아요. 쉬운 일은 아니지만 그래도 우리는 희망을 가져야 해요. 그러니까 당신도 힘내요! 지금 잘하고 있어요."

내 마음을 파고드는 그녀의 말이 캠핑장으로 향하는 내내 귓가에 맴돌았어. 이번 나의 여행이 단순히 나를 위한 것만이 아니기를, 더 많은 사람들, 내가 모르는 이들과도 나눌 수 있기를. 그런 마음을 품고 신호등 앞에 섰는데, 커다란 무지개가 펼쳐져 있었어.

잘하고 있으니 '계속 꿈을 꾸어도 좋아'라고 대답해 주는 것 같은 느낌. 오늘 하루로 인해 또 전환될 나의 삶을 꿈꾸며 힘내자!

브로콜리 스프

준비 재료(3~4인분)

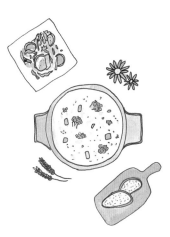

물 1컵

두유 1ℓ

양파 1개

마늘 2-3쪽

샐러리.. 1줄

브로콜리 .... 반 개

올리브유 ....

소금 .... 2~3티스푼

조리법

❶ 양파와 마늘은 슬라이스하고 샐러리는 잘게 다진다. 브로콜리는 한 입 크기로 자른다.

❷ 팬에 올리브유를 두르고 마늘, 양파,
샐러리를 넣는다. 약불에서 양파가
끈적해질 때까지 15~20분 정도 천
천히 볶는다.

❸ 물과 브로콜리를 넣고 뚜껑을 닫은
뒤 15분 이상 끓인다.

❹ 물이 살짝 줄어들었을 때 두유를 넣는다. (중간불로) 끓이다 보면 두유가 갑자기 넘칠 수 있으니 계속 뚜껑을 열어 둔다. 거품이 올라오기 시작하면 불을 바로 낮추고 살살 저어 준다.

❺ 20분 이상 걸쭉해질 때까지 푹 끓인 뒤 소금으로 기호에 맞게 간한다.

독일

GERMANY

제그 생태마을

숨길 것이 없는
장소

✳

쌈밥

생태마을을 만든 생태마을

포르투갈 타메라 공동체의 모체인 독일 제그ZEGG 생태마을에 왔어. 역에서 걸어가는 1시간 동안 곳곳에 푯말이 보이고 물어보는 사람마다 제그가 어디 있는지 아는 걸 보면서 30년 가까이 지속되어 온 이곳의 연륜이 느껴졌어.

타메라는 외부 사람들이 자신들의 비전과 활동에 대해 오해할까 봐 조심하는 부분이 있었어. 게스트들에 대해서도 내부적인 규칙 등이 엄격한 편이었지. 제그 공동체도 계절마다 일정 기간 동안만 프로그램을 운영해서 마을을 개방하고 게스트들이 공동체의 일을 경험하며 이곳을 이해할 수 있는 기회를 만들더라고.

때마다 제그 공동체는 별도의 팀을 꾸려 매일 아침저녁으로 게스트들을 챙겨 주고 소통을 도와 주었어. 덕분에 게스트들도 이곳에 와서 그냥 두리번거리는 것이 아니라 돌봄을 받는 동시에 공동체에 기여할 수 있는 일을 수행하면서 서로를 더 자연스럽게 알아 갈 수 있었지.

제한적인 개방과 방문은 마을 구성원들이 게스트들에게 과도하게 시달리는 걸 막아 주고, 게스트들이 마을에 대해 오해하거나 갈등이 일어날 수 있는 부정적 요소를 줄여 주는 안전장치인 셈이야. 나는 제그의 여름 프로그램을 신청해서 승낙을 받아 게스트가 될 수 있었어. 이곳에서 만나게 될 새로운 나를 기대하며 한 발 한 발 내딛었지.

마을 지도를 봐도 어디가 어디인지 알 수 없어서 게스트하우스를 찾아갔어. 가는 길 곳곳에 세계생태마을네트워크 마크가 있는 걸 보니 잘못 찾아온 것 같지는 않은데…, 사실 만나자고 약속한 시간은 오전 11시였으니까 아직 3시간은 더 기다려야 했어. 너무 일찍 도착했나 봐.

일단 게스트하우스 안에 들어가 보니 맛있는 냄새와 함께 부엌에서 일하는 분들이 보였어. 테이블 위에는 빵과 샐러드 그리고 10여 종류가 넘는 다양한 차가 준비되어 있었어. 어떻게 할까 망설이다가 최대한 자연스럽게 음식들을 그릇에 담으려는데 부엌에서 나온 남성과 눈이 마주쳤어. 멋쩍게 씽긋 웃으며 오늘부터 썸머게스트로 지낼 사람인데 너무 일찍 도착한 터라 먼저 음식을 먹어도 되는지 물어봤어. 그는 이른 아침에 도착해 피곤하겠다며 편하게 먹고 쉬라는 자상한 말을 건네고서 다시 부엌으로 들어갔어. 헤헤.

우선 커피를 떠놓고 본격적으로 빵과 과일을 가지러 갔는데 3~4가지가 넘는 빵과 함께 과일잼, 버터, 쳐트니 들이 놓여 있었어. 제그 공동체에서는 식탁에서부터 많은 사람들의 다양한 취향을 수용하려고 노력하는 게 느껴졌어. 이번에도 마을 부엌에서 일하기로 했는데, 정말 보통 일이 아닐 것 같았지.

숨김없는 공동체

어느새 약속 시간이 다가와 한 남성분이 '썸머게스트'라고 적힌 종이를 내가 앉아 있는 테이블에 세팅하기 시작했어. 그리고 내 얼굴을 보며 말했어.

"네가 한국에서 온 사람이구나? 일찍 도착했나 보네. 잘 곳은 찾았어? 이제 곧 다른 사람들도 오니까 모두 오면 설명해 줄게."

잠시 후 10명 정도의 사람들이 테이블로 모여 서로의 이름과 인사를 나누었어. 아까 그분이 게스트들이 알아 둬야 할 내용을 찬찬히 설명해 줬지.

"앞으로 약 2주 동안 매일 기본적으로 이 표에 적혀 있는 울력(공동체에서 필요한 노동을 의미하는 말이야)을 4시간 정도 돕게 될 거예요. 그리고 저녁에는 게스트들이 모여 서로서로 그리고 제그에 대해 깊이 알아가는 시간을 가지고요. 기본적으로 꼭 참가해 주시고 혹시 빠지는 일이 생긴다면 서로 챙겨서 알려 주세요."

울력표는 부엌, 텃밭, 엔지니어로 나뉘어져 있었는데 가장 일손이 많이 필요한 곳은 부엌이라고 했어. 텐트를 치러 숲길을 통해 캠핑장으로 이동하는데 사람들 소리가 들려 찾아보니 수영장이 보였어. 수영하는 사람과 담소를 나누는 사람들이 제법 보였는데, 아무도 수영복을 입지 않은 모습에 놀랐어.

텐트를 치고 샤워를 하고 나왔더니 나처럼 게스트로 온 한 독일 할아버지가 오늘 처음 만난 사람들과 자신의 캠핑카에서 축하 파티를 하는 중이니 와서 와인 한 잔 하라고 손짓했어. 그분은 모두 만나서 반갑다며 준비해 둔 과자와 와인을 권해 주었지. 할아버지는 이 공동체를 오간 지 10년이 넘었다며 궁금한 게 있으면 무엇이든 물어보라고 했어.

게스트로 온 다른 독일 친구들은 이미 제그에 한두 번 와 본 경험으로 익숙했지만, 처음 방문한 나에겐 새로운 것이 많았지. 그래서 아까 수영장에서 본 모습이 떠올라 슬며시 이곳의 문화에 대해 물어봤어.

"10년 전만해도 많은 사람들이 이 공동체에 대한 오해를 품고 찾아오거나 돌아가는 경우가 많았어. 여기는 깊은 차원의 사랑에 대해 고민을 나누고, 자신을 숨김없이 드러내며 살아가려고 실천하는 곳이야. 하지만 외부 사람이 잠깐 와서 이곳의 문화를 모두 이해하기는 어려운 것 같아. 사실 꽤 많은 시간이 걸리는 일이지."

실은 나도 아까 샤워하던 중에 웬 남성이 아무렇지 않게 들어와서 샤워하는 모습에 많이 놀랐었거든. 샤워실을 남녀 공용으로 사용하고 수영도 알몸으로 하는 이곳의 문화에 어떤 의미가 담겨 있는 건지, 독일 할아버지의 말을 들으며 여러 생각이 들었어. '숨김없이라….'

다음 날 아침 식사를 한 뒤 다른 게스트들과 울력 담당자들이 모여 팀을 나눴어. 손을 들어 자원하는 형태였지만 엔지니어의 경우는 경험이 있는 사람이 필요하다고 해서 이미 누가 갈 수 있을지 정해진 상태였어.

내 마음은 이미 부엌으로 향했고, 다행히 부엌에서는 요리와 설거지 같은 일을 할 사람이 적어도 5~6명 정도 필요했지. 부엌일은 주방 도구들의 위치와 사용 방법 등을 익혀야 해서 가능한 지속적으로 일할 사람이 필요했어. 더구나 그때는 제그 정원에서 제철 베리를 따고 줍는 일이 한창이라 그쪽에 지원자가 많이 필요했거든.

부엌으로 가니 멋진 검정색 요리복을 입은 메인 셰프가 우리를 반겨 주었어. 그녀는 나를 보더니 가끔 이곳에 한국인들이 찾아와 준 덕분에 한국 음식을 먹을 기회가 있었다고 했지. 자신은 한식이 너무 좋다며, 원한다면 매일 내가 하고 싶은 메뉴를 요리해 보라고 얘기했어. 그리고 우리를 냉장 창고로 데려가 먼저 써야 할 식재료를 챙겨 주고 메뉴를 같이 고민해 주었지. 앗싸! 이게 얼마만의 요리야.

"제그의 부엌은 비건과 채식 두 종류를 만든다고 생각하면 돼요. 보통 메인 메뉴를 셰프가 정하고 사이드디쉬는 여러분이 자유롭게 선택할 수 있어요. 대체로 2시간 정도 재료를 손질하면 30분은 모두 의무적으로 쉬면서 차를 마시고 간식도 먹어요. 그리고 나머지 1시간 30분 동안 본격적으로 조리에 들어가죠. 허브 밭을 관리하는 분들이 샐러드와 드레싱을 만들게 될 테고, 베이커리를 담당하는 사람, 차를 준비하는 사람도 필요하니까 돌아가면서 여러 일들을 익혀가도록 해요. 오늘은 이 거대한 케일 잎들을 사용해야 할 것 같은데, 세영 혹시 아이디어 있어요?"

"혹시 쌈밥을 해 보면 어때요? 여기 간장도 있고 두부도 있으니 밥에 비벼서 소스랑 먹으면 맛있을 것 같아요. 한국에선 쌈을 많이 먹는데, 특히 사찰 음식 중에 연잎으로 밥을 싸먹는 메뉴가 있어요. 사찰 음식은 기본적으로 채식(비건)이라 다들 좋아할 거예요."

그렇게 쌈밥 요리가 시작되었어! 나와 함께할 4명도 지원받았는데, 뭔가 요리 서바이벌 프로그램인 '헬's 키친'의 참가자로 미션을 부여받은 것만 같았지. 시간 안에 완수해야만 하는 아찔함과 중요한 손님들에게 음식을 선보여야 하는 긴장감이 컸지만 부담이 되기 보다 오히려 너무 신이 났어.

'적어도 백여 명의 사람들이 하나씩은 먹어야 좋으니까 밥도 좀 더 안치고 두부와 완두콩을 으깨서 양을 불려 보자. 일단 케일을 손질하고 어제 남은 주키니 볶음에 간장을 넣고 장식은 어떻게 할까나…' 정해진 시간 안에 재료 손질과 조리를 끝내려니 생각보다 더 많이 집중해야 했어.

함께 살기 위해 먹는다

야외에서 한참 야채 썰기를 돕다 보니까 어느새 쉬는 시간이 다가왔어. 셰프는 우리들에게 마실 것을 가져와 함께 쉬자고 권했지. 30분의 휴식 시간 동안에도 그녀는 함께 부엌일을 하는 사람들을 일일이 챙기며 환하게 미소를 지었어. 그런 모습이 멋있어 보여서 나도 모르게 너무 빤히 쳐다보았는지 그녀가 갑자기 내게 말을 걸었어.

"부엌일이 어때요? 세영은 처음인데도 익숙하게 잘하는 것 같아요. 난 일주일에 세 번 요리하는데 가끔은 나의 비슷한 레퍼토리에 스스로 질릴 때가 있거든요. 그래서 이렇게 외국에서 온 게스트가 함께 부엌에서 요리를 해 주면 저에게도 큰 배움이 돼요. 당신은 작은 체구의 여성이지만 요리에 대한 열정과 에너지로 인해 부엌에선 큰 존재로 느껴져요. 오늘 음식이 너무 너무 기대돼요."

어떻게 처음 본 나에게 선뜻 기회를 주고 이런 격려의 말까지 해 줄 수 있는지, 정말 큰 감동을 받았어. 첫날 독일 할아버지가 얘기한 것처럼, 서로 숨길 것 없이 사랑하는 마음을 드러내고 그 에너지를 함께 사는 공간에서 나누는 모습이 바로 이런 거 아닐까. 음식을 통해 내가 하고 싶었던 것도 다른 사람들과 이런 스스럼없는 마음을 나누는 일이라는 생각이 들었어.

음식을 완성하고 마무리로 접시 위에 꽃을 올려 식당으로 가져갔더니, 공동체 안에서 노래를 담당하는 분이 아리랑을 부르며 우리를 기다렸어. 제그에서는 식사를 시작하기 전 음식을 준비한 사람들을 소개하고 그들이 어떤 마음으로 오늘의 메뉴를 만들었는지 소개해. 이미 식당 메뉴판에도 '한국 사찰 음식 (Korean temple food)'이라 적혀 있었지. 나는 음식에 대해 이렇게 설명했어.

"한국의 오래된 채식 문화는 절에서 찾아볼 수 있어요. 처음 만난 저를 믿고 오늘의 메뉴를 나눌 수 있도록 기회를 준 부엌 팀 사람들에게 감사의 마음을 담아 쌈밥을 했어요. 아쉽게도 한 사람당 하나씩만 먹을 수 있지만 우리 모두 맛있게 먹어요."

"잘 먹겠습니다!"

나는 넓은 야외 테라스로 나가 식사를 했어. 기다란 테이블에서 함께 일했던 동료들과 앉아 과일을 수확하며 생긴 에피소드도 이야기하고 엔지니어 팀 사람들도 만나 일과를 나누며 시간을 보냈지. 이런 소통이 가능한 건 요리가 가진 어마어마한 힘 덕분이라고 믿어. 제그 사람들은 그 힘을 너무나 잘 이해하기 때문에, 자신들의 공동체를 먹기 위해서 살아가는 곳이 아니라 함께 살아가기 위해 먹는 곳으로 만들었던 거야. 난 어느새 제그의 매력에 풍덩 빠져 버렸어.

쌈밥

준비 재료(3~4인분)

밥................................3공기

크기가 큰 잎채소 ....

(호박잎, 케일, 양상추 등)

두부 1모

소금 ....약간

간장 10스푼

물................................10스푼

식초 1스푼

참기름 ....3~4스푼

조리법

❶ 잎채소는 흐르는 물에 깨끗이 씻고 소금이 들어간 끓는 물에 데친다. 이때 줄기 부분이 딱딱하지 않도록 푹 (15~30초) 익힌다.

❷ 두부를 면보에 싸고 으깨어 물을 뺀다. 으깬 두부를 밥과 섞어 주고 여기에 소금과 참기름을 넣는다.

❸ 이파리를 펼쳐 밥을 크게 1스푼(혹은 1.5스푼) 정도 중앙에 올려놓고 양옆을 가운데로 포갠 다음, 넓은 이파리 부분부터 줄기까지 돌돌 말아간다. 남은 줄기 부분으로 쌈밥 모양을 고정시킨다.

❹ 소스 그릇에 간장, 식초, 물을 적당히 섞어 준다. 고춧가루를 조금 넣어도 맛있다.

❺ 쌈밥을 그릇에 예쁘게 올린 뒤 허브
나 꽃으로 장식한다. 내 몸이 아름다
운 것을 섭취한다는 기분으로 소스에
살짝 찍어 먹는다.

에 스 토 니 아

ESTONIA

릴 레 오 루 젠 유 럽 컨 퍼 런 스

오늘,
희망의 씨앗을
심었다

✳

채식 오이김치

미각에도 충전이 필요하니까

베를린에서 약 30시간에 걸쳐 버스를 타고 이동해야 했던 에스토니아. 동유럽하면 먼저 지중해 지역이 떠올랐는데, 이곳의 이름을 처음 듣고는 위치를 짐작할 수 없어서 구글 지도를 확인해야 했어. 찾아보니 동유럽에서도 발트해 인근에 위치한 곳으로 북유럽 국가들과 가까운 나라였어.

내가 방문한 2018년은 마침 에스토니아의 독립 100주년 (러시아를 상대로 독립을 쟁취했다고 해)을 맞아 릴레오루Lilleoru라는 공동체에서 세계생태마을네트워크의 유럽 컨퍼런스(GEN Europe Conference)를 개최한다고 했어. 처음 참가하는 유럽 생태마을 모임이고, 또 역사적으로 의미 있는 시간이 될 것 같아 더욱 기대되었어. 게다가 한국에서 넥스트젠으로 함께 활동하던 친구들 몇 명이 젠의 유럽 컨퍼런스를 보러 에스토니아에 온다고 했거든. 오랜만의 재회라 마음이 무척 설레었어.

사실은 그동안 계속된 빵 생활에 질려 있었거든. 친구들을 만나면 쌀밥에 미역국과 김치를 해 먹을 생각에 너무 기뻤어. 심지어 이동하는 내내 아무것도 먹지 않고 배를 비워 놨지 뭐야. 오랜만에 친구의 오이김치를 맛볼 수 있다니!

에스토니아의 수도 탈린에 위치한 유스호스텔에서 거의 7개월 만에 친구들과 재회했어. 한국에서 또는 해외 각지에서 여행하고 활동하며 지내다가 멀고 먼 북유럽에서 만난 거지. 우리는 서로 보자마자 짐도 제대로 풀지 않고 부엌으로 쫑쫑쫑 달려가 미역국을 끓이며 근황을 나누었어.

따뜻한 밥에 반숙한 달걀프라이를 올려 김치와 먹고 싶은 욕구를 얼른 충족시키기 위해 부지런히 몸을 움직였어. 미리 도착한 친구가 웰컴 드링크로 준비해 놓은 에스토니아산 진을 마시며 따뜻하고 제대로 된 식사를 즐길 수 있었지. 우리는 연신 "맛있어" "이 맛이지" 하며 순식간에 밥 두 그릇을 먹고 말았어.

모인 사람 중에는 나 못지않게 더 먹거리에 관심이 많은 채식주의자이자 요리를 좋아하는 친구도 있었어. 우리는 자연스레 식사를 마치고 다음 식사를 준비하기 위해 하루 종일 장을 보러 밖을 쏘다녔어. 유럽 모임에 참가하기 전에 다시 한번 한국식 만찬을 즐기고 싶었거든. 서로 여전한 먹성에 감탄하면서 말이야.

물론 생태 공동체에 가면 건강하고 맛있는 식사를 할 수 있지만 상점이 없는 곳에서 오래 머물다 보면 가끔 초콜릿을 먹고 싶고 주스도 마시고 싶을 때가 있거든. 왠지 그런 순간을 대비해야 할 것만 같은 기분이었어. 가능하면 유기농 상점에서 건강에 이롭고 환경에 무해한 제품을 사려고 꼼꼼히 챙겨 보긴 했지만 말야.

그런데 에스토니아의 구시가지를 돌아보니 이곳 전통 음식들은 대개 고기를 이용한 것들이었어. 지형상 숲이 많고 겨울이 길어 전통적으로 수렵 채집 생활을 해 온 문화였던 거지. 순록으로 만든 소시지와 훈제된 생선이 많았고, 감자 스프에다 비교적 단단한 식감과 새콤한 향을 지닌 흑빵을 곁들여서 먹는 게 기본 식단처럼 보였어.

우리는 수산시장을 돌아다니다 신선한 연어를 발견하고는 '이건 맛을 봐야 하지 않을까' 하는 눈빛을 주고받았어. 그러고는 가방 깊숙이 아껴두었던 김을 꺼내고 아보카도와 신선한 연어살을 더해 김초밥처럼 싸먹어야겠다는 생각까지 척척 들어맞았지.

"훌륭해. 이 정도면 그동안 부족했던 미각들이 다 충족된 것 같지?"

채소 자급률

다음 날 시내에서 버스를 타고 1시간 정도 걸리는 릴레오루 생태마을로 아침 일찍 이동했어. 버스 안에는 큰 배낭을 매고 각자 다른 스타일의 머리와 옷차림을 한 청년들이 드문드문 앉아 있었는데, 서로 힐끗힐끗하며 '저 사람도 나와 같은 곳을 향하는 게 분명하다'는 생각을 하는 것 같았어. 실제로 모두 같은 정류장에 내려 릴레오루까지 나란히 걸어 갔지.

우리는 자원활동가로 접수하고 각자 텐트를 친 뒤 다 같이 마을을 돌아봤어. 릴레오루는 기획된 영성 공동체야. 요가와 자기 내면을 탐구하고 성장시키는 작업을 삶의 중심에 두고 있는 사람들이 모여 공동체를 시작했다고 해. 처음에는 30명 정도의 사람들이 그런 수행을 중심으로 모였는데 현재는 백여 명까지 늘어났어. 에스토니아 출신 외에도 유럽 곳곳에서 공동체를 오가며 활동하는 사람들이 모이는 곳이야.

마을은 퍼머컬쳐를 기반으로 디자인되어 채소와 허브를 자급하고 그 외의 식재료는 주변 지역 사회와 교류하며 해결한다고 해. 에스토니아는 국토의 50퍼센트 이상이 산림으로 덮여 있음에도 기후가 춥고 건조해서 채소 자급률은 20퍼센트가 되지 않는다고 하더라고. 전통적으로 사냥을 많이 하고 저장 식품이 많은 이곳에서 한 마을이 채소류를 자급하려고 시도하는 것은 경제적인 측면만이 아니라 정치적으로도 시사하는 바가 있다고 생각해. 사회에 좋은 영향을 주는 일종의 롤 모델인 셈이지.

릴레오루의 채소를 직접 수확해 먹어 보고 싶었지만, 아쉽게도 밭에서 뭔가를 수확하는 건 이 마을에서도 영성적인 수행을 하는 정해진 사람들만 할 수 있다는 안내를 받았어. 이들은 수확할 때의 손동작이나 발걸음 하나에도 의미를 담아 기도하는 마음을 가진다고 해. 또 음식의 아름다움을 표현하는 일도 중요하게 생각하기 때문에 완성한 음식 위에 꽃을 장식해서 마무리한다는 거야.

이곳에서 음식을 준비하고 먹을 때는 좀 더 경건한 마음을 가져야겠다는 생각이 들었어. 그래서 나와 친구들은 감사하는 마음을 잊지 않기 위해, 여기 있는 모든 사람들의 언어로 식사할 때의 감사 인사를 보드에 적어서 제일 잘 보이는 위치에 걸었어.

생태마을 청년들의 꿈

젠 유럽 컨퍼런스에서는 유럽 회원들만 참석하는 회의가 많았지만, 누구나 참여할 수 있는 프로그램도 있어서 열심히 찾아다녔어. 그러면서 이 컨퍼런스에서 내가 기대했던 점이 무엇인지 되돌아보았어. 나는 릴레오루 공동체에 대한 관심보다는 유럽에서 나와 비슷한 고민을 안고 살아가는 다양한 사람들과 만나 보고 싶었어. 특히 생태마을에서 나고 자란 청년들 말이야.

프로그램 중에서 가장 눈에 띄었던 건 '위즈덤서클wisdom circle'이었는데 많은 사람들의 이야기를 들을 수 있는 기회가 될 것 같아서 꼭 참석하려고 했지. 위즈덤서클이 시작되던 아침, 사회자는 참가자 모두를 대표할 수 있도록 젠더, 나라, 지역이 다른 청년 5명과 장로 5명을 앞자리로 불러 서로에게 질문과 지혜를 나누는 시간을 가져 보겠다고 했어. 나이와 성별 그리고 살아온 배경이 저마다 다른 사람들을 다양하게 고려해서 10명의 사람을 초대하는 방식이었지.

처음 이름이 불린 사람들은 조금 당황하는 기색도 보였지만 앞으로 자리를 옮겨 서로를 수줍게 바라보았어. 이 위즈덤 서클에서 10명을 제외한 관찰자(청중)들은 질문할 수 없고 마음으로 듣기(Deep Listening)를 실천해야 했어. 기대와 긴장이 가득 찬 가운데 한 장로가 첫 번째 질문을 꺼냈어.

"당신들의 꿈은 무엇인가요?"

그 질문에 청년 5명은 자기 이름과 살아온 배경을 돌아가면서 대답했어. 첫 친구는 본인의 삶의 비전과 꿈에 대해 이야기했고, 그 다음 친구들은 "아직 꿈을 찾는 중이다"라는 얘기를 했어. 그런데 네 번째 친구는 마이크를 잡고 한동안 가만히 생각하더니 이렇게 말했지.

"사실 저는 꿈이 없어요. 삶에 대한 큰 희망 자체가 없고 꿈을 생각하면 무기력해지기 때문에 그저 제 앞에 펼쳐진 일을 할 뿐이에요."

그 순간 행사장 안에는 정적이 흐르고 뭔가 짠한 마음과 함께 무거워진 분위기를 느낄 수 있었지. 나 역시 마음이 아프고 답답해서 깊은 한숨을 내쉬며 마지막 친구의 목소리에 귀 기울였어.

"저는…, 잘 모르겠어요. 어려운 질문인 것 같아요. 저는 아주 어릴 적부터 생태마을에서 자랐고 이제 20대 후반이 되었어요. 그러면서 계속 '내가 할 수 있는 일이 있을까? 있다면 무엇일까?' 고민하죠. 이제 조금씩 발견해 가는 것 같아요. 가끔은 이곳에서 벗어나고 싶은 욕망도 올라오고, 앞의 친구가 얘기한 것처럼 위대한 일을 한 것 같은 사람들과 함께 살면서 자신이 무기력한 존재로 느껴진 적도 종종 있어요. 그래서 사실은 제 앞에 계신 여러 어른들에게 어떻게 이런 활동을 삶에서 실천해 왔는지 물어보며 힘을 얻고 싶고, 제 이야기도 공감받고 싶어요. 어떤 마음으로 이런 활동을 유지하고 계신가요?"

마이크를 건네받은 장로들은 누가 대답할 것인지 서로 눈빛을 주고받았고 이내 제일 연장자로 보이는 한 할머니께서 고개를 끄덕이시더니 마이크를 쥐었어.

"지금 젊은 친구들이 겪는 고민의 진실함이 저에게도 전달되었어요. 모두를 대신해서 솔직한 얘기를 나눠 준 여러분에게 우선 감사의 인사를 전하고 싶어요. 정말 고마워요. 그리고 감히 대답을 하자면…, 제가 수십 년 동안 이 활동을 유지해 올

수 있었던 원동력은 바로 지금 제 앞에 있는 여러분이었어요. 나의 아이들 그리고 앞으로 이 세상에 올 미래 세대들을 위해서 살아 있는 동안 할 수 있는 걸 하고 싶었죠. 그 과정 속에서 자연스럽게 삶의 원동력을 찾을 수 있었어요. 바로 당신들이 저의 꿈이었어요. 저희가 일구어 낸 이 공동체 안에서 태어나고 자란 젊은이들에겐 저희와는 다른 감각과 시선이 존재하고, 또 다른 꿈이 생길 거라고 봐요. 하지만 저의 꿈이 현재의 당신들에게 부담이 되거나 강요가 되지 않았으면 좋겠어요. 만약 이 공동체에서 젊은 세대들이 새로운 것을 꿈꾸거나 창조해 나가기가 어렵다면, 그건 개인의 부족함이나 무력함 같은 문제가 아니라 공동체 사람들 모두가 함께 들여다보고 책임져야 할 일이라고 생각해요. 또 우리 공동체가 이런 소통을 깊이 할 수 있는 공간이 되기를 바라면서, 그런 가치 있는 일을 위해 제 남은 삶의 많은 시간을 쓰고 싶어요. 마지막으로 청년들에게 특정한 꿈을 가지라고 얘기하기보다, 제가 지금까지 살아온 경험으로 우리에겐 아직 언제 어디서든 어떤 꿈이라도 꿀 수 있는 희망이 있다고 말하고 싶어요."

할머니의 이야기를 들은 뒤 앞서 질문했던 그녀는 눈물을 흘리며 고개를 끄덕이고는 감사의 인사를 건넸어. 이런 방식으로 약 30분가량 위즈덤서클이 진행되었고, 프로그램을 마무리하며 사회자는 모두에게 눈을 감아 달라고 요청했어.

"앞에서 나왔던 이야기들은 모두 여러분들의 마음 한편에서 스스로는 느끼지 못했지만 정말 궁금한 부분이었을 거라고 생각해요. 용기를 내어 우리의 마음을 거울삼아 이야기 나눠 준 분들에게 깊은 감사를 전해요. 이제 제가 종을 치면 쉬는 시간을 가질 거예요."

지금도 눈을 감으면 그들이 나눠 준 지혜와 에너지가 내 마음에 씨앗처럼 심어져 있음을 느껴. 그럼 난 이렇게 되새겨 보지.

'우린 모두 꿈을 꿀 수 있는 희망의 씨앗을 품은 존재야'.

채식 오이김치

준비 재료(소량, 며칠 분)

오이 5개
부추 .... 100원짜리 동전 지름 정도
고춧가루 3스푼
소금 3스푼
간장 .... 3~5스푼
마늘 10쪽
생강 .... 약간

* 김치는 훌륭한 샐러드이자 피클! 우리는
액젓이나 어간장이 들어간 맛에 익숙하
지만, 맛을 살리는 데는 소금만으로도
충분하다. 진정한 풍미는 신선한 재료
그 자체에서 나온다.

조리법

❶ 준비한 오이가 다 담길 정도의 물을 냄
비에 넣은 뒤 소금 2~3스푼을 넣고 끓
인다.

❷ 오이를 먹기 좋은 크기로 길게 자른 다. 어떤 모양이라도 좋다.

❸ 볼에 자른 오이와 ❶번 물을 붓고 10 분 정도 절인다. 이렇게 하면 아삭함 을 유지할 수 있다.

❹ 물을 따라 내고 오이를 채망에서 충 분히 식힌다.

❺ 식히는 동안 약간의 마늘과 생강을
다지고 부추를 ❷번의 오이와 비슷한
길이로 썬다.

❻ 식힌 오이에 생강, 마늘, 부추, 고춧가
루를 넣어 버무린다.

❼ 소금, 간장을 조금씩 넣으며 마지막
간을 한다.

러 시 아

RUSSIA

시 베 리 아 횡 단 열 차

장거리 여행자의
채식 준비

*

저장과 보관법

여행과 채식, 함께하기 어려운 두 단어

생태마을을 탐방하며 부엌과 먹거리에 집중했던 내 오랜 여행도 막바지에 이르렀어. 몸도 마음도 고단했는지 이제는 뭔가 새로운 일과 먹거리를 찾기보다 어떻게 하면 덜 하고 간단하게 할 수 있을지 고민했어.

특히 돌아가는 길은 기차라는 제한된 공간 안에서 먹을 걸 해결해야 했어. 에스토니아에서 모스크바–바이칼 호수–블라디보스토크까지 열흘간 열차 여행을 계획했거든. 장거리 기차 여행이라는 낭만과 사색의 순간들이 기대되었지만, 결국 먹거리를 해결해야 한다는 현실이 기다렸지. 어떻게든 되겠지 싶다가도 한 끼 한 끼 먹고 지내는 일이 쉽지 않을 것 같았어.

인터넷에서 횡단 열차를 타고 여행한 사람들의 후기를 찾아보니 열차 안에서 파는 한국 컵라면과 초코파이 인증샷만 가득했고, 내 마음은 점점 근심으로 차올랐어. '이래서는 내 몸에 맞는 비건이나 채식은커녕 온통 가공식품만 먹어야겠어.' '아무 준비도 없이 기차 안에서 모든 걸 해결하는 건 역시 위험한 생각인 것 같아.' 인도에서 이틀가량 기차 여행을 할 때 바나나 이외엔 아무것도 먹지 못했던 기억을 떠올리며, 내가 먹을 음식은 내가 준비하자는 생각으로 다시 마음을 다잡았어.

중간 기착지인 이르쿠츠크 역까지 5일 정도가 걸린다고 하니 일단 5일치 음식만이라도 준비해 보려고 마트로 향했어. 마지막 여정은 기차에 몸만 실으면 된다고 생각했는데, 비행기처럼 식사가 제공되거나 버스처럼 한잠 자고 일어나는 여행이 아니라는 걸 잊었던 거야. 알 수 없는 새로운 고생길에 오르는 사람이 비상식량을 준비하는 마음이었어.

마트에서 채소와 과일 들을 확인하니 대부분 수입산이고 직접 만들어서 파는 절임류와 치즈, 햄 코너에는 그래도 국산(여기서는 러시아산이지만 말야)이 있었어. 하지만 식품 코너를 다 돌아다니도록 내 손에 잡히는 건 별로 없었지. 결국 바구니에는 바나나, 사과, 오이, 요거트, 빵, 토마토 소스, 건자두, 오렌지 주스만 담겼지 뭐야.

기차 타고 유럽으로 가는 꿈

기차에 올라 좌석을 찾아가니 맞은편에는 남매처럼 보이는 20대 초반의 러시아 친구 둘이 앉아 있었어. 눈인사를 주고받은 뒤 나도 침대 시트를 깔고 자리에 앉았더니 막 기차가 출발했어.

도심을 벗어나고 창밖이 깜깜해져 풍경이 사라질 때쯤, 맞은편 러시아 남자가 가방에서 위스키를 꺼내더니 한 잔 따르며 물었어.

"너도 마실래?"

술을 마시면 푹 잘 수 있을까 하는 기대에 나는 고개를 끄덕이고는 컵을 내밀었지. 그렇게 우리의 긴 대화는 시작되었어.

어디서 와서 어디로 가는지 무엇을 하면서 사는지⋯ 등등 그 친구의 핸드폰 구글 번역기를 사용하며 서로의 언어로 소통했어. 이 횡단열차에서 직원으로 일한다는 그는 마침 여름휴가로 모스크바에 사는 여자 친구와 동쪽에 계신 그의 부모님을 만나러 가는 길이라고 했어.

"얼마 없는 휴가인데 일주일이나 기차를 타면 도착하고 나서 시간이 별로 없는 거 아니야?"

"난 장기간 열차를 타는 일이 익숙해서 괜찮아. 그리고 여자 친구가 비행기를 무서워하거든. 나도 별로 좋아하지 않고. 그러는 너는? 왜 이 기차를 탔어?"

"열차를 타고 대륙을 횡단해 보는 게 꿈이었거든. 한국은 아무리 장거리 기차를 타도 길어야 몇 시간이니까. 실은 유럽에서 그대로 한국까지 쭉 멈추지 않고 가면 더 좋겠지만, 7개월간의 여행을 마치는데 비행기를 타고 순식간에 돌아가고 싶지 않았어. 기차 안에서 시차가 변하는 것도 느끼고 만났던 사람들 그리고 앞으로 일어날 일들을 가만히 생각해 보고 싶었던 것 같아. 세상의 눈이라고 불리는 신성한 바이칼 호수에 들러서 이 여행을 마무리하는 기도도 올리고 싶어."

그렇게 서로의 이야기를 나누다 자정 무렵 열차 안의 조명이 어두워지면서 우리는 각자 자리에 누워 잠을 청했어.

해바라기 씨 & 달걀 간장 조림

기차 안에서는 활동량이 현저히 적어서 적게 먹어도 배가 많이 고프지 않았는데, 어떤 때는 너무 심심해서 무언가 먹고 싶은 기분이 들기도 했어. 그럴 때 앞의 친구들이 다람쥐처럼 무언가를 계속 까먹는 거야. 궁금한 눈빛으로 쳐다보니까 "너도 먹어 볼래?" 하며 한 주먹 건네주더라고. 바로 껍질째 까먹는 해바라기 씨였어.

해바라기 씨는 금이 있는 곳을 앞니로 살짝 깨물어 껍질을 연 다음 혀로 씨앗을 발라낸 뒤에 껍질을 뱉으면서 먹으면 돼. 재미도 있고 맛도 좋아서 딱 내가 원하던 거였어. 그렇게 한참을 앉아 해바라기 씨를 깠어. 아무리 먹어도 줄어들지 않을 것처럼 보이던 한 봉지가 반으로 줄어들 때까지 쉬지 않고 먹었지.

그렇게 다시 잠이 들고 일어나기를 반복하다 보니 어느새 이르쿠츠크 역에 도착했어. 바이칼 호수로 들어가는 버스 시간을 확인하고는 곧장 예약한 숙소에 가서 짐을 풀었어. 뜨거운 물에 샤워를 하고 따뜻한 밥도 먹고 싶었지. 같이 먹을 반찬이 없을까 생각하다 달걀을 삶은 다음, 가방에 남아 있던 간장을 붓고 조렸어. 내가 게스트하우스 부엌에서 부시럭부시럭 반찬을 만드는 걸 보고는 다른 사람들이 뭘 하는지 궁금해 했어.

"이런 음식은 처음 보는데 이름이 뭐야?"

"달걀 간장 조림이야. 말 그대로 달걀을 간장에 조리는 요리인데 어릴 적에 자주 먹던 거야. 바쁜 엄마가 늘 반찬을 차려 주진 못하니까 냉장고에 오래 보관하며 하나씩 꺼내 먹을 수 있도록 만들어 주셨어. 모스크바에서 여기까지 오는 동안 이게 자꾸 생각나더라고. 따뜻한 밥에 이 국물을 조금씩 적셔서 먹으면 꿀맛이거든. 러시아도 겨울이 기니까 저장식이 많을 것 같은데 혹시 뭐 생각나는 거 있어?"

"글쎄, 요즘은 슈퍼에서 언제든지 구할 수 있으니까 잘 모르겠네. 사실 난 요리에 별로 관심이 없기도 하고 말야. 그래도 생각해 보면, 여기는 채소가 잘 자라지 않아서 소금에 절여 놓는 경우가 많은 것 같아. 그 외에는 치즈나 훈제 햄 정도가 아닐까?"

"그렇구나. 음식을 저장해서 오래 먹을 수 있도록 준비하는 건, 힘이 많이 들기는 해도 정말 중요한 작업인 것 같아. 매번 요리하는 데 얼마나 에너지가 많이 쓰이겠어. 한 번에 많은 양을 미리 절여 놓거나 조리면 식탁을 차리는 에너지를 좀 줄일 수 있는 것 같아. 또 저장해 놓은 음식은 시간을 거치며 자연스럽게 우리에게 더 건강한 음식으로 다가오잖아. 저장 식품이 집에 있다는 사실만으로도 마음이 든든해질 것 같아."

그날 보고 싶었던 바이칼 호수에 반나절 이상 걸려 마침내 도착했어. 해질녘을 기다리며 음악을 연주하는 사람들 덕분에 감성 충만한 시간을 보낼 수 있었지. 지는 해를 보며 이 여행에서 떠오른 생각과 마음을 정리하다 문득 '도대체 채식이란 뭘까?' '나는 왜 그걸 하는 걸까?'라는 질문이 마음 깊숙한 곳에서 올라왔어.

순례길을 걸으면서 '유연한 마음을 가지자, 그게 내가 바라는 채식이야' 하고 여러 번 다짐했어. 하지만 여행을 하는 동안 채식을 유지하기 위해 주변 환경이나 사람들과 어울리지 못하고 고집을 부린 적도 있다는 생각이 들었어.

기차 여행에서도 그냥 이곳의 전통 방식대로 발효된 치즈와 소시지와 빵을 먹을 수도 있지 않았을까? 어느 곳에 가든 고유한 문화가 있는데 나는 그걸 존중하지 않아도 괜찮은 사람인양, 다른 선택지가 가능한 특별한 존재인 것처럼 행동하는 건 아닐까? 나의 지난 행동과 마음을 돌아보며 성찰하는 시간을 보냈어.

한국하면 김치가 떠오르는 것처럼 어떤 음식들은 각 문화의 정체성을 이루기도 해. 그 앞에서 채식만을 고집하는 건 분명 환영받지 못할 일이라는 생각이 들었어. 그런데 말야. 주어진 환경에 어울리며 살아가는 것도 물론 중요하지만 오랜 전통이나 습관이라고 해서 그것이 '바뀔 수 없는 것'처럼 여겨지는 걸 보면, 나는 그걸 변형시켜 보고 싶은 욕구가 생기곤 했어.

김치에도 정말 많은 가짓수의 김치가 있고 또 계속 새로운 맛의 김치가 나오는 것처럼 요리의 진짜 본질은 변형인 것 같아. 그리고 아마도 변형이 가장 많은 음식은 발효 저장 식품이겠지. 기차 여행에서 저장 식품을 만들며 내가 느낀 것은 채식에 대한 고집이나 전통에 대한 순응이 아니라 환경에 대한 적응과 새로운 창조 모두 내 입맛을 위해 필요하다는 사실이었어.

기존 환경 속에서 누가 이미 만들어 둔 것에만 길들여져 살아갈 것인지 혹은 그 안에서 나만의 길을 개척해 새로운 경험을 해 나갈 것인지 하는 문제는 살면서 누구나 고민하는 일일 거야. 나 역시 둘 사이에서 균형을 찾기 위해 채식과 비건을 시도했던 것 같아. 고기나 생선이 메인 메뉴로 등장하는 식탁을 벗어나 사이드 메뉴로만 간주되고 소외되기 쉬운 재료와 음식 들을 새롭게 만날 수 있었지. 그런 경험이 내 삶을 풍성하게 만들고 건강하게 이끌어 주었다고 생각해. 모든 식재료가 똑같이 존중받는 것처럼 다른 입맛과 다른 생각도 그랬으면 하는 바람이야.

여행을 하면서도 가능하면 직접 재배하고 가까운 곳에서 온 신선한 것을 먹고 싶었지만, 이동 거리가 길어서 식사 자체를 제때 챙겨 먹을 수 없거나 환경적인 이유로 그러지 못할 때가 있었어. 그 정점인 기차 여행에서 오래 보관할수록 더 건강해지는 선조들의 지혜를 발견하고 활용할 수 있었지.

긴 여행을 통해 나 자신이 내 삶을 얼마나 변형시킬 수 있는 존재인지 발견할 수 있었어. 여행 중 만난 낯설고 새로운 관계와 만남들이 켜켜이 쌓여 내 삶의 보물이 된 것만 같아. 이 변형의 의미를 더 깊이 이해하며 더 많은 사람들과 나누고 싶어.

저장과 보관법

✳ 용기의 소독이 중요하다. 팔팔 끓인 물을 용기에 넣어 5~10초간 소독하고 물기는 자연 건조한다. 내화유리가 아닐 경우 깨질 우려가 있으니 주의하자.

✳ 알맞은 보관 장소로 서늘하고 온도의 변화가 거의 없는 곳을 찾는 일 또한 중요하다.

✳ 오븐이나 건조기를 사용할 때는 재료가 타지 않도록 주의한다.

· 늙은 호박 ·

❶ 껍질을 벗겨 길쭉하게 잘라서 말린다.

❷ 채에 올려 볕에 말리거나 건조기 혹은 오븐을 사용하면 골고루 잘 말릴 수 있다.

❸ 천 주머니에 넣은 다음 용기에 넣어 보관한다.

❹ 요리에 쓸 때는 찬물에 밤새 불린 뒤 사용한다.

· 방울토마토 ·

✳ 유기성의 토마토는 건강한 상태로 수확하면 1개월 정도 보관할 수 있다고 한다. 하지만 저장법을 사용하면 맛 좋은 토마토를 더 오래 보관할 수 있다.

❶ 끓는 물에 10초 정도 토마토를 데쳐 껍질을 벗긴다.

❷ 넓은 그릇에 옮겨 햇볕 혹은 약불의 건 조기나 오븐에 말린다.

❸ 건자두 모양과 비슷하게 완성되면 그 대로 요리에 넣거나 올리브유에 담가 보관한다.

❶ 베이킹 소다를 푼 물에 1분가량 사과 를 담그고 불순물을 헹궈 준다.

❷ 설탕(혹은 메이플 시럽)과 물을 1:0.5 비율로 냄비에 넣고 끓인다.

❸ 사과는 껍질을 벗기지 않고 씨 부분만 제거한다. 사과를 한입 크기보다 작게 잘라 ❷번의 냄비에 더한다.

❹ 뭉근한 불에서 타지 않게 저어 주며 사과가 으깨지지 않을 정도로 졸인다. 소독된 유리병에 채워 넣고 밀봉하여 서늘한 곳에 보관한다.

❶ 베이킹 소다를 푼 물에 1분가량 귤을 담그고 불순물을 헹궈 준다.

❷ 껍질을 깐 귤은 원형 모양으로 얇게 썬다.

❸ 채에 올려 햇볕에 말리거나 건조기를 사용해 말린다.

❹ 귤피(껍질)도 얇게 썰어 채에 올려 말린다.

❺ 잘 말려진 귤피는 용기에 넣어 샐러드에 넣거나 스프를 만들 때 사용한다. 차로 마셔도 좋다.

우 리 . 모 두 . 여 행 자 로

이 곳 에 서 . 만 난 다 면

어서와요, 집ㅅ씨에 (society)

여행 이후 그 동안의 경험을 나눌 수 있는 공간을 찾고 싶
다는 마음이 올라왔어. 지금까지는 내가 이곳저곳 주방 도구
를 들고 다니며 요리했지만, 이제부터는 누군가가 와서 그런 경
험을 할 수 있는 부엌을 꾸리고 싶었어. 중요한 건 내가 그 공간
에서 어떤 그림을 그릴 수 있느냐 하는 거였지.

넥스트젠 코리아 친구들은 1년에 한 번씩 모여 꿈꾸는 공
동체를 실험하는 '있ㅅ는잔치'를 열어. 나는 특히 그곳에서 불
렀던 '집에 온 걸 환영해(welcome home)'라는 노래를 좋아해. 그
노래처럼 내가 만드는 공간이 모두에게 '집', '마음의 고향' 같

은 곳이면 좋겠다고 생각했지. 그래서 내가 고향이라고 느끼는 곳들을 떠올려 보았어.

먼저 내가 살고 싶은 지역을 정하기 위해 바다가 있는 따뜻한 남쪽 지역들을 돌아봤어. 그 지역의 에너지와 자연환경이 우선순위였지. 그다음엔 사람이고, 그다음엔 나의 경제적 상황에 맞춰 자립할 수 있는 곳이어야 했어. 이렇게 삼박자가 맞는 지역과 공간을 찾는 건 쉽지 않았지만 결코 포기하지 않았어.

그리고 드디어 2020년, 세상의 모든 생명 하나하나가 씨앗이라고 생각하며, 이 씨앗들이 연결될 수 있는 커뮤니티 공간을 꿈꾸며, 목포에 '집스씨'를 열었어. 5년 전부터 가졌던 꿈이 마침내 실현되었지.

아침에 문을 여는 이유 (soil)

나는 어릴 적 부산에서 살다가 커서는 서울에서 살았지만, 우연히 목포에서 지내볼 기회가 있었어. 여러 지역 청년들이 목포 원도심에서 지내보는 '괜찮아 마을'이라는 프로그램 덕분이었지.

목포에서의 첫날, 깜깜한 새벽부터 분주하게 하루를 시작하는 어판장과 시장 그리고 떠오르는 태양을 바라보며 당분간 이곳에서 살아 보면 어떨까 하는 생각이 들었어. 그날 아침의 풍경이 내가 그리던 마음 속 풍경이었거든.

초등학교 시절, 시장에서 장사하시던 부모님 곁에서 보던 익숙하고 그리운 모습이었어. 그때의 활기찬 사람들과 시장의 모습도 떠올랐지. 아무런 연고가 없던 목포에서 이렇게 나의 어릴 적 기억이 떠올라 정착을 생각했던 것 같아. 그 풍경 속에서 내가 빛을 발산하며 사람들 사이를 오가고 또 연결되는 그림이 그려지기 시작했어.

그러면서 다른 식당과는 달리 조식을 하고 싶었어. 왜 그런 사람들 있잖아. 여행을 가면 꼭 이른 아침부터 볼거리를 찾아 길을 나서거나 새벽부터 열리는 장터를 찾아가 그 지역의 분위기와 먹거리를 즐기는 사람들 말야. 일찍 나서서 돌아다니다 배가 고플 때 지역의 신선한 재료들로 요리한 음식을 먹으면 더할 나위 없이 즐거운 여행이 되지.

바로 내가 생각하는 여행자 그리고 여행지의 모습이야. 여행자들이 그 지역에서 아침의 활력을 온전히 맛볼 수 있는 그런 가게를 차리고 싶었어. 그리고 내가 혼자 여행하는 일이 많았던 것처럼 혼자 여행하는 사람도 부담 없이 찾을 수 있는 따뜻한 부엌이기를 바랐어.

소울푸드 커뮤니티 키친 (soul)

"여긴 어떤 음식을 파나요?" 하고 사람들이 물어와. 물론 어떤 음식을 만들지 정하는 것도 필요할 거야. 그런데 한식, 일식, 양식 이렇게 나누는 건 나를 너무 제한시키는 것만 같았어. 그래서 내가 음식을 하면서 가장 중요하게 여기는 것들이 무엇인지 돌아봤어.

첫 번째는 마음이야. 나에겐 어떤 마음을 담아 음식을 준비하는지가 정말 중요해. 사실은 이것이 메인 재료라고 할 수 있지. 이 마음만 있다면 밥을 먹지 않아도 사랑을 느끼고 배가 부를 것만 같거든.

두 번째는 식재료야. 어떤 재료를 섭취하느냐, 재료를 어떻게 다루느냐가 중요한데, 특히 그 재료들이 나에게 어떻게 왔는지 알아 갈수록 결과적으로 싱싱한 음식을 먹는 것 같아.

세 번째는 이야기야. 음식은 단순히 접시에 올려 먹기만 하고 끝나는 대상이 아니라 재료를 구하고 기술을 발휘하고 정성을 더하는 수많은 사람들의 이야기가 담긴 일종의 에너지라고 생각해. 그래서 내가 만드는 음식에 관한 추억이 있거나 사람들에게 들려 줄 만한 이야기가 무엇인지도 중요한 것 같아. 요리를 할 때 그런 마음과 이야기를 최대한 담아서 표현할 수 있도록 노력하지.

우리 모두 여행자 (home)

온 마음을 다해 요리해 본 적이 언제야? 온 마음을 다해 나 혹은 누군가를 위해 식탁을 차려 본 기억은? 온 마음을 다해 식사를 해 본 적은?

요리란 단순한 먹을 것이 아니라 세상에서 벌어지는 모든 일들이 반영된 결과물이야. 그래서 '정성과 사랑이 깃든 음식'을 접하는 일은 더욱 중요하지. 사람들과 간단하게 차 한잔을 하기 위해서도 누군가를 초대하고 찻잎을 준비하고 물을 끓이는 준비를 해야 하니, 요리를 위해서는 더 많은 정성과 준비가 필요할 거야.

나는 어떤 재료가 어떻게 이 식탁에 왔는지를 이야기하고 싶고 그걸 최대한 맛으로도 표현하고 싶어. "이 감자는 좀 색깔이 다른데 어디서 온 거야?" "처음 먹어 보는 맛인데 이 재료는 이름이 뭐야?" 하는 식의 대화를 하고 싶어서 가능한 모든 재료를 직접 구매하려고 노력하지.

'집ㅅ씨'에 오는 사람들이 조금만 더 자기가 먹는 음식에 관심을 가지고 조금 더 색다른 맛을 경험했으면 좋겠어. 요리를 통해 이국적인 느낌이나 낯선 느낌까지 즐거움으로 받아들였으면 하는 것이 나의 바람이야.

　기본적으로 식당이기 때문에 맛의 여부도 중요한 부분이 이겠지만, '집ㅅ씨'는 그걸 넘어서 찾아오는 사람들이 이곳의 분위기와 에너지를 느끼며 즐거웠으면 해. 나 혼자 음식을 하고 손님을 맞이하는 곳이 아니라, 우리 모두 여행자가 되어 함께 이 공간을 우리의 집으로 채워갈 수 있으면 좋겠어.

집宀씨
[dʒpɪsi]

Soul food Community Kitchen
소울 푸드 커뮤니티 키친

여행하는 부엌

2021년 10월 23일 초판 1쇄 발행
2023년 5월 10일 초판 2쇄 발행

지은이　　박세영
그린이　　강효선

펴낸이　　천소희
편집　　　박수희

종이　　　월드페이퍼(주)
인쇄제본　영신사

펴낸곳　　열매하나
등록　　　2017년 6월 1일 제25100-2017-000043호
주소　　　(57941) 전라남도 순천시 옥천길 144
전화　　　02.6376.2846 | **팩스** 02.6499.2884
이메일　　yeolmaehana@naver.com
인스타그램 @yeolmaehana
ISBN　　　979-11-90222-23-5　13590

 삶을 틔우는 마음 속 환한 열매하나